はじめての
情報通信技術と情報セキュリティ

諏訪敬祐・関 良明 共著

丸善出版

まえがき

　情報通信は，1990年代後半以降のインターネットとモバイル通信の急速な発展によりさまざまな情報通信システムが構築され，企業や個人を対象とした多彩な情報通信サービスが登場している．とくに，通信分野では，スマートフォンのように携帯電話システムや無線LANなどによる「いつでも利用」「どこでも接続」「どのような情報にもアクセス」可能な情報通信環境が整備され，世界中でインターネット利用が加速している．一方，情報処理機器としてのコンピュータはタブレット端末のように無線通信でインターネットに接続してさまざまなアプリケーションソフトウェアをダウンロードできる機能を有し，さらにウエラブル端末のように人間の身体に装着するヒューマンオリエンテッドなコンピュータへ進化しつつある．今後も，インターネットとモバイル通信は弛まず発展することが予想される．

　情報セキュリティの面では，コンピュータネットワークのグローバルな普及，情報メディアの多様な発展，ネットワークサービスの拡大とそれにともなう各種脅威の発生など，情報通信環境の安全性は変化し続けている．近年，スマートフォンなどの容易にインターネット接続可能な情報機器の急速な普及だけでなく，社会生活を豊かにするソーシャルネットワークサービス（SNS）の進展にともない，インターネットに代表されるコンピュータネットワーク環境は，産業や私たちの日々の暮らしを支える重要な社会基盤となった．コンピュータネットワークを基盤とするサイバー社会においては，目に見えない相手と情報のやりとりをすることが多く，日常生活における対面の人間相手のやりとりとはまったく異なり，安心・安全な情報環境の実現がとくに重要な要件となる．

　このような状況下において，情報通信の一般利用者が，情報通信の基礎を学ぶ機会は必ずしも多くはない．しかも，新聞，テレビなどでは断片的な最新技術の報道であるため，体系的に理解することは困難である．一方，専門書では，

内容を十分に理解するには，技術的に深い知識が必要である．

本書は文系・理系の1～2年生が大学講義の教科書として使用することを想定している．また，学生だけでなく情報通信サービスの一般利用者にも入門者としての立場から情報通信に関する理解を深めてもらうことを意図している．前半は情報のディジタル化，コンピュータの仕組み，情報機器やコンピュータネットワークおよび情報システムについて記述しており，情報通信の基礎知識習得と理解を目指している．後半はコンピュータネットワークおよびインターネットの発展に潜む脅威を紹介し，脅威に対する情報セキュリティの必要性や情報セキュリティの基礎知識と用途および脅威への対策を学習できるよう心がけた．

全11章から構成され，それぞれの章で学習する内容は以下のとおりである．

第1章「情報通信の概要」では，情報通信の現状と動向などについて概説する．さらに，コンピュータとインターネットの概要を述べ，新しい情報通信サービスについて紹介する．

第2章「情報のディジタル化と表現」では，情報のディジタル化の仕組みとコンピュータにおける情報の表現方法について述べる．次に，論理演算，論理回路について説明し，情報のディジタル化の原理および文字情報の表現について学ぶ．

第3章「コンピュータ」では，コンピュータのハードウェア回路の基盤となる半導体素子について記述し，コンピュータの構成・機能，演算の仕組みおよび記憶装置，周辺装置について具体的に述べる．さらにコンピュータソフトウェアの基本となるオペレーティングシステムとコンピュータ言語について概説する．

第4章「情報機器」では，身近な携帯電話端末の仕組みやスマートフォン，タブレット端末およびウエアラブル端末の概要について記述する．加えて，ディジタル情報機器の代表的な製品であるディジタルカメラ，液晶ディスプレイなどのディスプレイ機器の原理について学ぶ．

第5章「コンピュータネットワークとインターネット」では，コンピュータネットワークの基本構成とプロトコルおよびOSI参照モデルについて述べる．次に，インターネットの基本的仕組みとTCP/IPプロトコルについて記述

する．これらを踏まえた上で，普段利用するインターネットを使ったサービスの仕組みについて解説する．

　第6章「情報通信システム」では，情報通信システムの基本構成と通信におけるアクセス方式，双方向通信方式の仕組みを記述する．具体的な情報通信サービスとしてADSL，光ファイバ通信および無線LAN，携帯電話について学習する．

　第7章「情報セキュリティの社会的な背景」では，インターネットの発展過程を紹介する．そこから，情報やシステムを守るための情報セキュリティが必要とされる社会的な背景を解説する．

　第8章「情報セキュリティの役割」では，情報セキュリティの基本概念と，情報セキュリティを体系的にとらえた情報セキュリティマネジメントシステム（ISMS）を紹介する．そして，情報セキュリティとは何かを学ぶ．

　第9章「情報セキュリティの基本技術」では，情報セキュリティを支えているさまざまな基本技術をわかりやすく解説する．また，セキュリティ対策を講じるために必要な基礎知識を学習する．

　第10章「リスクとセキュリティ対策」では，インターネットを使うことによって起こり得る脅威の仕組みを紹介する．さらに，そのリスクに対する個人レベルの対策を情報セキュリティの考え方にもとづいて解説する．

　第11章「社会の一員としての情報セキュリティ」では，社会・組織の一員として行動する際に遵守すべきルールの必要性と，その概要を学習する．

　本書が学生の皆さんにとって広く情報通信技術への関心をもつきっかけとなり，情報通信システムやサービスの知識の習得と理解の一助になることを期待している．より深い知識は関係の専門書籍を勉強して身に付けていただきたい．一般読者層の方々には，情報通信に興味をもち，その入門書あるいは参考書として利用していただくことで発展の著しい情報通信を基礎から理解していただけるものと確信している．

2015年1月

諏訪　敬祐・関　良明

目　次

まえがき

第1章　情報通信の概要　1
1.1　情報通信とは　2
1.2　情報通信の種類と現状　4
1.3　情報通信のこれから　11

第2章　情報のディジタル化と表現　14
2.1　情報とは　15
2.2　ディジタル情報の単位と情報量　17
2.3　基数変換　20
2.4　論理演算と論理回路　24
2.5　情報のディジタル化と文字情報の表現　27

第3章　コンピュータ　32
3.1　半導体素子の変遷　33
3.2　コンピュータの構成　34
3.3　演算装置　40
3.4　記憶装置と記憶媒体　43
3.5　周辺装置　52
3.6　ソフトウェアとコンピュータ言語　57

第4章　ディジタル情報機器　59

4.1　ディジタル情報機器の概要　60
4.2　携帯電話端末，スマートフォン　62
4.3　タブレット端末，ウエアラブル端末　66
4.4　ディジタルカメラ　70
4.5　ディスプレイ機器　73

第5章　コンピュータネットワークとインターネット　80

5.1　ネットワークと交換方式　81
5.2　コンピュータネットワーク　83
5.3　通信プロトコルとOSI参照モデル　84
5.4　インターネットとプロトコル　90
5.5　インターネットの利用　100

第6章　情報通信システム　110

6.1　情報通信システムとは　111
6.2　情報通信サービス（有線系）　115
6.3　情報通信サービス（無線系）　120

第7章　情報セキュリティの社会的な背景　129

7.1　産業型社会からサイバー社会へ　130
7.2　サイバー社会を支えるインターネット　132
7.3　コンピュータサービスの進展　134
7.4　メディアとしてのインターネット　138
7.5　複雑化するサイバー社会の脅威　140
7.6　サイバー社会における企業の情報セキュリティ　141
7.7　サイバー社会における個人の情報セキュリティ　143

第8章　情報セキュリティの役割　147

8.1　情報セキュリティとは　148
8.2　情報セキュリティの基本概念　149
8.3　情報セキュリティマネジメントシステム　152

第9章　情報セキュリティの基本技術　156

9.1　パスワード　157
9.2　ファイアウォール　159
9.3　暗号技術　161
9.4　暗号危殆化問題　168
9.5　認証　169
9.6　セキュリティプロトコル　173

第10章　リスクとセキュリティ対策　176

10.1　不正アクセスと対策　177
10.2　マルウェアと感染対策　181
10.3　標的型／誘導型攻撃と対策　184
10.4　フィッシング詐欺・ワンクリック請求と対策　185
10.5　スマートフォン・無線LANに潜む脅威と対策　186
10.6　SNSによる情報漏えいと対策　187

第11章　社会の一員としての情報セキュリティ　189

11.1　情報セキュリティに関する国際標準と法律　190
11.2　不正アクセス禁止法　193
11.3　電子署名法　194
11.4　個人情報保護法　196
11.5　著作権法　197
11.6　不正競争防止法　198
11.7　迷惑メール関連法　200

11.8 NIST の FIPS　201

参　考　文　献　203
索　引　207

本書の執筆担当は以下のとおりである．
　　諏訪　敬祐：第 1 章から第 5 章 2 節まで，および 6 章
　　関　　良明：第 7 章から第 11 章
　第 5 章 3 節から同章 5 節までは，『情報通信概論』（丸善，2004）
における渥美幸雄氏執筆の 5 章から 7 章を渥美氏の承諾を得て改編
し転載したものである．

1
情報通信の概要

```
┌─────────────────────────────────────┐
│        1.1 情報通信とは              │
└─────────────────────────────────────┘
┌─────────────────────────────────────┐
│     1.2 情報通信の種類と現状         │
└─────────────────────────────────────┘
┌─────────────────────────────────────┐
│      1.3 情報通信のこれから          │
│  ┌────────┐ ┌────────┐ ┌────────┐  │
│  │クラウド│ │M2M通信 │ │ウエアラブル│ │
│  │サービス│ │サービス│ │  端末  │  │
│  └────────┘ └────────┘ └────────┘  │
└─────────────────────────────────────┘
```

本章の構成

1章では,まず,情報通信の歴史に触れ,情報通信の現状について述べる.次に,情報通信システムを構成する代表的な要素であるコンピュータとインターネットについて概要を記述する.さらに,これからの情報通信において普及が期待されるクラウドサービスなどの新しいサービスと展望について概説する.本章では,情報通信の歴史的発展と将来の情報通信サービスについて関心と理解深めることを目的としている.

 本書では,コンピュータについては3章,インターネットは4章,情報通信サービスは6章でそれぞれ詳しく記述している.

1.1 情報通信とは

 情報通信はインターネットやスマートフォンの普及により質,量ともに目覚ましい発展を遂げている.20世紀末には,携帯電話の発展,普及により人間と人間同士でいつでも,どこでも,誰とでも通信ができ,どのような情報にもアクセスできる状況となった.21世紀に入り,最近のインターネット技術の進歩と無線通信の高速化,大容量化およびスマートフォンやさまざまな情報通信端末の登場により,人間だけでなくあらゆる物同士が互いにネットワークに接続される時代になろうとしている.また,ツイッター(Twitter)やフェイスブック(Facebook)に象徴されるソーシャルネットワーキングサービス(SNS)が急速に普及しており,若者を中心に電話や電子メールの利用を上回る普及を見せている.

 図 1.1 は情報通信におけるコミュニケーションとネットワークの基本的な概念図である.情報を伝達するための媒体としてメディアという言葉が用いられている.たとえば,情報を表現するための表現メディアとしては,音声,文字,図形,写真,映像などがある.また,情報を伝達するための伝達メディアとしては,非電気通信として郵便における手紙,電気通信としての電話,FAX,電子メールなどがある.図 1.1 (a) は送り手 A から受け手 B へメディアを伝達するコミュニケーション(通信)を示したものである.考えや意味を言語にしてそれを文字という表現メディアに変換して手紙という伝達メディアで送る例である.送り手 A の意味した情報は別のメディアを通して受け手 B に伝わる.

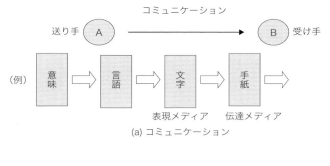

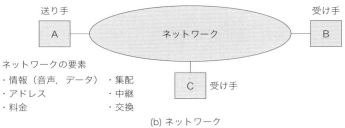

図 1.1　コミュニケーションとネットワーク

受け手が複数になり，相互に情報を伝達できるようにするにはコミュニケーションの経路は単一ではなく，図 1.1（b）のように送り手 A と受け手 B および受け手 C との間には複数の伝達経路で構成されるネットワークが必要となる．ネットワークにおいては，情報（音声，データ）をアドレスとよぶ宛先を付与して受け手に送るために，情報の集配，中継，交換などの機能の実現が必要になる．また，ネットワークの通信速度，通信品質は通信料金に大きな影響を及ぼす．したがって，電気通信によるネットワークを考えるうえでは，機能とコストのバランスを考慮しなければならない．

　情報通信は 19 世紀に電気通信技術が発明されて急速に普及するようになった．電気通信には銅線や同軸ケーブル，光ファイバなどの有線によるものと電波を用いた無線（ワイヤレスともよぶ）による通信手段がある．図 1.2，図 1.3 はおのおの有線，無線による情報通信の歴史である．第二次世界大戦後，通信やネットワークのディジタル化が推進され，20 世紀末にはさまざまな通信サービスが登場した．また，21 世紀に入り，誰もがいつでもどこでも利用できる

1869 年	東京〜横浜間で公衆電報開始
1876 年	ベルが電話機を発明（アメリカ）
1890 年	東京〜横浜間で電話交換業務開始
1900 年	街頭公衆電話登場
1906 年	海底線による日米間直通電信開始
1960 年代	公衆網のデジタル化開始
1970 年代	光ファイバによる光通信方式
1973 年	ファックスサービス開始
1976 年	ディジタルデータ交換網導入
1982 年	テレホンカード実用化
1980 年代後半	ISDN（Integrated Service Digital Network）の登場
1990 年代後半	インターネットの商用版普及開始
2007 年	FTTH 加入者が ADSL を含む DSL（デジタル加入者線）回線加入者を上回る

図 1.2　情報通信の歴史（有線）

1895 年	マルコーニが無線機を発明（イタリア）
1905 年	日露戦争で初の無線電信が使われる
1920 年	ラジオ放送開始（アメリカ）
1939 年	テレビ放送開始（アメリカ）
1960 年	カラーテレビ放送開始
1961 年	無線タクシー登場
1963 年	日米テレビ宇宙中継実験成功
1967 年	ポケットベルサービス開始
1987 年	携帯・自動車電話サービス開始
1996 年	CS デジタル放送開始
1993 年	ディジタル自動車携帯電話方式サービス開始
1999 年	携帯インターネットサービス「i モード」登場
2001 年	第 3 世代移動通信システム（W-CDMA）商用化
2006 年	3.5 世代携帯電話方式（HSDPA）サービス開始
2010 年	3.9 世代携帯電話方式（LTE）サービス開始

図 1.3　情報通信の歴史（無線）

携帯電話端末によって個と個がネットワークで繋がるインターネットが世界規模で利用されるようになった．これにより情報通信は安全，安心，快適な社会生活やビジネスを実現する重要な基盤の一つとなった．

1.2　情報通信の種類と現状

現在利用されている情報通信サービスは表 1.1 のようになる．固定系通信のインターネット，移動系通信の携帯電話は 1990 年代後半になって急速に普及

表 1.1 情報通信サービスの概要

	ネットワーク種別	サービスの種類
固定系通信	インターネット	インターネット電話，インターネット接続
	電話ネットワーク	加入電話，総合ディジタル通信（ISDN），XDSL，FTTH
	コンピュータネットワーク	パケット交換，フレームリレー，セルリレー
	データ専用ネットワーク	一般専用，高速ディジタル伝送，ATM 専用
移動系通信	無線ネットワーク	携帯電話，PHS，無線 LAN，衛星携帯電話（船舶，車載）

したサービスである．これらは，2000年以降，モバイルインターネットとして融合された形で世界的な利用が高まっている．さらに，2010年以降はスマートフォンの利用と SNS の普及により非音声系サービスの利用が一般的になった．映像系コンテンツ配信サービスの需要の高まりに伴い，携帯電話方式の次世代システムの導入による高速，大容化とネットワークの IP（通信規約がインターネットプロトコル準拠）化が進められており，インターネットと無線ネットワークの融合を背景に新しいサービスの登場が期待されている．

現在，データ，画像，映像などの非音声系トラヒックが増大しているため情報通信ネットワークの伝送速度の高速化，伝送容量の大容量化が必須である．これらはネットワークのブロードバンド化とよばれる．図1.4は企業，家庭などの情報通信ネットワークの利用の様子を示したものである．企業内ネットワークは B2B（Business to Business）のように企業間で大量のデータをやりとりして取引を行うために，ブロードバンドネットワークを積極的に利用し，また IP-VPN（IP 化した仮想私設閉域網）でインターネットに接続している．低廉な通信料金，情報漏えいに対する安全性などの利点がある．

家庭にいる個人がインターネットで品物を購入するような B2C（Business to Customer）においても，ブロードバンドネットワークとインターネットが積極的に利用される．たとえば，ネットオークション，ネットバンキング，ネット購入などの電子商取引が活用される．また，携帯電話やスマートフォンの高機能化により携帯端末を電子財布として使用するモバイルコマースやアクセスネットワークの高速化により高音質な音楽やハイビジョンのような高精細映像配信が普及するものと考えられる．

一方，学校ではタブレット端末や電子黒板およびディジタル映像を主体としたマルチメディア教育，役所などの公共機関においては住民票の発行などの公共サービスが電子的に行われている．ホテル，空港，駅構内などにおいても公衆無線 LAN（Local Area Network）による高速なインターネットがいつでも利用できる環境が提供される．また，SOHO（Small Office Home Office）のような在宅勤務においても光ファイバーによるブロードバンドのアクセスネットワークを利用して自宅で家事をしながら効率的に仕事を行うことができる．

今後は B2B だけでなく個人が繋がる SNS の普及により B2C や C2C（Consumer to Consumer）のように消費者が中心となるビジネスモデルと新サービスが普及するものと考えられる．

情報通信は個人間での情報のやりとりやネット利用が増えていることから携帯電話の加入者数とインターネット接続サービス契約者数は引き続き増大している．図 1.5 は情報通信サービスの加入契約者数である．図 1.5 から携帯電話の加入者数は加入電話を大きく上回り，携帯電話の加入者数は毎年度増加しているのに対し，加入電話は減少傾向にある．また，IP 電話は微増傾向にある．

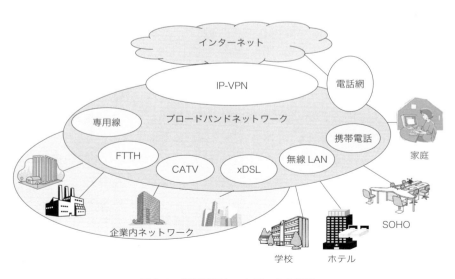

図 1.4　情報通信ネットワークの利用

1.2 情報通信の種類と現状　　7

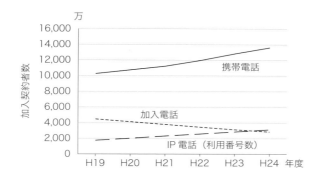

(万)

サービス	平成19年度	平成20年度	平成21年度	平成22年度	平成23年度	平成24年度
加入電話	4,478	4,139	3,792	3,454	3,132	2,847
ISDN	645	593	542	503	463	427
IP電話（利用番号数）	1,754	2,022	2,317	2,580	2,848	3,127
携帯電話	10,272	10,749	11,218	11,954	12,820	13,604
PHS	461	456	411	375	456	508
無線呼出し	16	16	15	15	15	15
公衆電話	33	31	28	25	23	21
一般専用線	36	33	31	29	28	—

図 1.5　情報通信サービスの加入契約者数
(出典：電気通信事業者協会，2013年情報通信サービス利用状況)

　高速・広帯域通信サービスであるブロードバンドサービスにおいて携帯電話・PHSの加入者数が1.41億で人口より多く，一人が複数の端末を契約していたり，自動販売機など機械に設置して利用していることが考えられる．携帯電話においては，従来型高機能携帯電話（フィーチャーフォン）の利用からスマートフォンの利用へ急速に移行している．2008年にアップル社からiPhoneが発売され，タッチパネル方式の使いやすいユーザインタフェースと多くのアプリケーションから急速に普及するようになった．図1.6は国内のスマートフォンとフィーチャーフォンのメーカの出荷台数である．現在はフィーチャーフォンに比較し，圧倒的にスマートフォンの出荷台数が多いことがわかる．また，スマートフォンから派生した表示サイズの大きいタブレット端末も需要が拡大することが予想される．

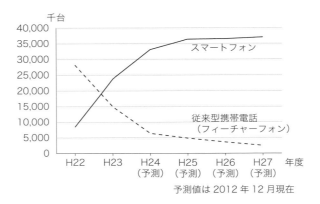

図 1.6　スマートフォンなどの出荷台数

(出典：平成 25 年版情報通信白書，総務省
http://www.soumu.go.jp/johotsusintokei/whitepaper/ja/h25/html/nc110000.html)

　図 1.7 は情報通信システムとネットワークを示す．図 1.8 は情報通信システムの構成要素のイメージである．現在の情報通信システムはインターネットを中心に主にコンピュータなどの情報端末，通信システム，データベースで構成されている．具体的には，図 1.7 のネットワークにさまざまな構成要素が連携して情報通信システムを構成しているといえる．

　図 1.9 にコンピュータと携帯電話端末の発展の流れを示す．コンピュータは第二次世界大戦中に開発された初期の真空管式コンピュータから半導体技術の進歩によりデスクトップパソコン，ノートパソコンへと発展した．これらはマイクロプロセッサ（中央処理装置）あるいはマイコン（マイクロコンピュータ）とよぶ人間の頭脳に相当する演算回路を搭載し，OS（オペレーティングシステム）とアプリケーションプログラムでさまざまな処理を実行するコンピュータシステムにより文書作成や表計算，プレゼン資料作成などさまざまなビジネス用途や技術開発などに利用されている．その後，コンピュータ技術が進歩し，マイコンがさまざまな機器に組み込まれ，現在は携帯電話端末やスマートフォンおよびディジタル家電製品に搭載され，社会生活を便利で豊かにしている．とくにスマートフォンは人間の行動と一体となってさまざまな場所に移動し，いつでも，どこでもインターネットに接続できるモバイルコンピュータとして

1.2 情報通信の種類と現状　　9

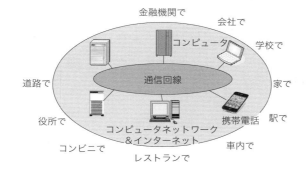

図 1.7　情報通信システムとネットワーク

図 1.8　情報通信システムの構成要素

位置付けられている．図 1.10 にインターネットの構成を示す．パソコン，スマートフォンを使用する個人ユーザはそれぞれ，有線の ADSL，光ファイバー，無線の携帯電話，無線 LAN などの通信回線により通信会社ビルまたは無線基地局を経由してインターネットサービスプロバイダ（ISP）につながり，ISP を経てインターネットに接続される．ISP 内にはメールサーバ，Web サーバなどの各種サーバが置かれている．企業ユーザは企業内 LAN（Local Area Network）から ISP を経由してインターネットに接続される（5 章）．

図 1.9　コンピュータと携帯電話端末，スマートフォン

図 1.10　インターネット

1.3 情報通信のこれから

情報通信は目覚ましい変革の時代に入っており，新しい情報通信サービスや端末が登場している．以下に代表的な情報通信サービスと端末の例を示す．

(1) クラウドサービス

近年では，図 1.11 に示すクラウドサービスが脚光を浴びている．これはソフトウェアやデータなどのコンピューティング資源を手元のコンピュータで管理・利用するのではなく，インターネットなどのネットワークを通じてサービスとして利用する方式のことである．サービスの提供者は大規模なデータセンターなどに多数のサーバを用意し，ネットを通じてソフトウェアやデータの保管領域を利用できるようなシステムを構築する．利用者は作成したデータの保存・管理などもサーバ上で済ませることができる．これにより，ソフトウェアのインストール，最新版への更新，作成したファイルのバックアップなどの作業から解放され，必要に応じてソフトを利用することができる．

(2) M2M（Machine to Machine）通信サービス

現在までの情報通信は携帯電話のように人対人の通信形態が主であったが，今後はあらゆるコンピュータ内蔵の端末がインターネットとつながることから人対モノ，さらにはモノ対モノの通信形態へと拡大することが予想される．モ

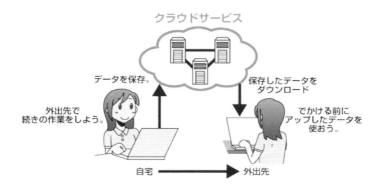

図 1.11 クラウドサービスの例

（出典：国民のための情報セキュリティサイト，総務省
http://www.soumu.go.jp/main_sosiki/joho_tsusin/security/basic/service/13.html）

12　1　情報通信の概要

ノとはセンサとコンピュータを内蔵する機械を表し，機械対機械通信，つまりM2M（Machine to Machine）通信とよばれる．IoT（Internet of Things）における家電や自動車など多種多様な「モノ」がインターネットにつながり，互

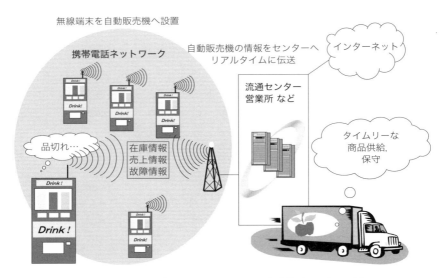

図 1.12　M2M（Machine to Machine）通信サービスの例

図 1.13　Internet of Everything

いに情報をやりとりすることで新しい価値を生み出すという概念の一つの事例と考えることができる．

図 1.12 に M2M 通信のサービス例を示す．多数のセンサを配置することにより，自動販売機や作業機械，構造物劣化の遠隔モニタリングやプラント設備の異常モニタリングなどネットワークを通した遠隔監視を利用して，監視業務の大幅な効率化，省力化が可能となる．M2M や IoT を含むより広義の概念が IoE（Internet of Everything）であり，人，データ，モノをひとまとめにしてあらゆるものがネットにつながり，新しい価値を生み出すネットワークや世界を表すコンセプトである．図 1.13 に概念図と具体的な例を示す．環境保全活動や人々の活動，農業などにおいてセンサとインターネットがつながることにより自然保護や農産物の生産性や安全性の向上を図ることが可能となる．これにより情報通信の一層の変革が進展するものと考えられる．

(3) ウエアラブル端末

21 世紀の今後は図 1.14 のように装着型（メガネ型，腕時計型など）デバイスが主流となり人間の健康状態（歩数，カロリーなどの活動量）が日常的にインターネット上でモニタリングできるようになる．これにより医療，福祉分野における新しいサービスやビジネスの登場が期待される．ユーザにとってより身近で多様な端末が実用となり，ユーザが新たな利用方法やアプリケーションを開発するなど情報環境のオープンな世界が展開していくものと予想される．

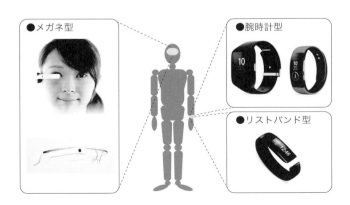

図 1.14　装着型デバイス

2
情報のディジタル化と表現

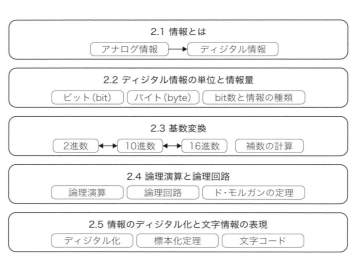

本章の構成

2.1 情 報 と は

本章では，まず，情報についての解説とディジタル情報の単位と情報量，ディジタルデータの表現の基本となる2進数と16進数について記述する．次にデータ表現形式において重要な基数変換について記述し，論理演算と論理回路の概要について説明する．さらに，情報のディジタル化の原理および文字情報の表現について述べる．これによりコンピュータの論理演算の仕組みとディジタル情報の表現方法について学習する．前頁に本章の構成を図で示す．

2.1 情 報 と は

近年，携帯電話，無線 LAN，光ファイバなどの多様な情報通信システムが普及し，インターネットの利用が急速に進展している．このような状況においてインターネットを中心とするネットワークを経由してユーザ相互でさまざまな情報がやりとりされている．情報通信システムでは，情報は以下のような過程で扱われる．

・さまざまな形式で表す「表現」
・離れた場所に伝える「伝達」
・未来に残す「記録」
・加工，編集，整理する「処理」

本書では，これらの過程を技術的な観点から深く理解できるように学習する．
　我々の身近には，図2.1に示すようにアナログ量の情報とディジタル量の情報が存在する．アナログの体温計では表示値が連続的に変化し，ディジタル式の体温計では 0.1 ℃単位で表示値が変化する．時計では，アナログ式時計は図2.2のように秒針，分針，時針の角度が連続的に変化し，針の位置で時刻表示を行う．ディジタル方式の時計は1秒ずつ計時されて時刻は不連続に変わり，1秒ごとあるいは1分ごとに時刻が表示される．

　アナログ情報をディジタル情報に変換することをアナログ/ディジタル変換（AD変換）とよぶ．また，逆の変換すなわち，ディジタル情報をアナログ情報に変換することをディジタル/アナログ変換（DA変換）とよんでいる．現在の音声・画像情報の「表現」，「伝達」，「記録」，「処理」においては情報をアナログ情報のままで扱うことはなく，たとえば，図2.3のように音声の録音に

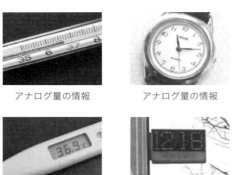

図 2.1　アナログ情報とディジタル情報

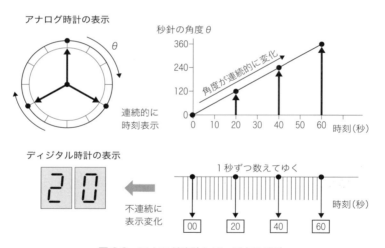

図 2.2　アナログ時計とディジタル時計

おいてはアナログ情報からディジタル情報への変換，音声の再生ではディジタル情報からアナログ情報への変換を行っている．音声のディジタル化では，空気振動の時間的なアナログ情報をディジタルの数値に変換して記録し，再生のときは逆の処理を行う．静止画はアナログ情報の光を画素の集まりととらえ，各画素を光の三原色のそれぞれの色の強さ（明るさ）で数値化してディジタル情報としている．このようにアナログ信号をディジタル化することにより情報

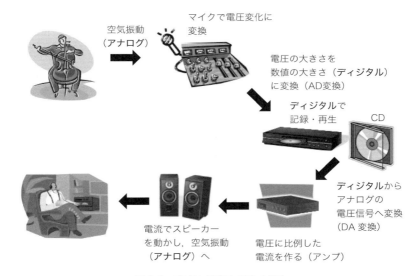

図 2.3　音声の録音と再生の流れ

通信システムの高信頼化，高品質化，処理の容易化および情報機器や通信料金などのコストの低廉化が実現され，多彩な情報通信サービスの提供と多様な情報端末のさらなる開発と実用化が期待される．

2.2　ディジタル情報の単位と情報量

二つの状態（たとえば，大きいと小さい，ありとなし，ON と OFF）を表す情報は 2 値（binary digit）であり，情報の最少の単位であるビット（bit）を用いて 1 bit で表せる．ディジタル情報を表現する情報量の単位として bit を含む以下の単位がよく用いられる．

- ビット（bit または binary digit）：情報を表現する最小単位である．
- バイト（byte）：1 バイト＝ 8 ビットであり，データ処理の基本単位である．
- ワード（word）：1 ワード＝ 1 バイト，2 バイト，4 バイト，8 バイトのいずれかで定義され，コンピュータが一度に処理できるデータの単位である．

図 2.4 は 1 bit，2 bit，3 bit のときに 0，1 で表される情報の種類を示す．

2 情報のディジタル化と表現

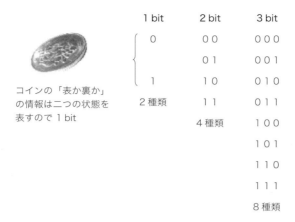

図 2.4　情報量と情報の種類

1 bit はコインの「表」か「裏」かというように二つの状態しかとらない情報を示す．1 bit, 2 bit, 3 bit…のように bit 数が増えると表せる情報の種類が増加する．1 bit では 2 種類, 2 bit では 4 種類, 3 bit では 8 種類の情報を表すことができる．つまり, n bit で 2^n 種類の表現が可能である．

情報量の byte と bit については，以下の点に留意する必要がある．

$1\,\text{KB}$（キロバイト）$= 2^{10}\,\text{byte} = 1024\,\text{byte} = 8192\,\text{bit}$

$1\,\text{MB}$（メガバイト）$= 1024\,\text{KB} = 1024 \times 1024\,\text{byte} = 1048576\,\text{byte}$
$= 8388608\,\text{bit}$

$1\,\text{GB}$（ギガバイト）$= 1024\,\text{MB} = 1024^3\,\text{byte} = 1073741824\,\text{byte}$
$= 8589934592\,\text{bit}$

$1\,\text{TB}$（テラバイト）$= 1024\,\text{GB} = 1024^4\,\text{byte}$

$1\,\text{PB}$（ペタバイト）$= 1024\,\text{TB} = 1024^5\,\text{byte}$

ここで，情報量の補助単位としての K̇（キロ）は 1 バイトの 2^{10} 倍，Ṁ（メガ）は 2^{20} 倍，Ġ（ギガ）は 2^{30} 倍，Ṫ（テラ）は 2^{40} 倍，Ṗ（ペタ）は 2^{50} 倍をそれぞれ表す．

(例題 1)

120 種類の文字をそれぞれ, 1, 0 の組合せで符号化すると, 1 文字を表すのに最低何 bit 必要か．解答は章末に示す．

2.2 ディジタル情報の単位と情報量

我々が日常使用する 10 進数のほかにコンピュータで扱うディジタルデータの表現形式として 2 進数, 16 進数がよく用いられる (表 2.1). 10 進数 (decimal numerical) は 1 桁を 0 から 9 までの 10 種類で表現するのに対し, 2 進数 (binary numerical) は 0 と 1 だけで表現する. 16 進数 (hexadecimal numerical) は 4 bit で 1 桁を表し, 2 桁で 1 byte を表現できる. 16 進数では, 10 進数の 10 〜15 はアルファベットの A〜F で表記される.

一例として 10 進数の 2876 を 2 進数と 16 進数で表すものとする. n 進数で表現するときは (数値)$_n$ のように下付き添え字で表す. 2 進数表現では, $(101100111100)_2$ と表記できる. 16 進数表現の場合は 2 進数表現の $(101100111100)_2$ を上位のビットから 4 bit ずつ区切ると 1011, 0011, 1100 となるからこれらをそれぞれ 16 進表記すればよい. よって, 1011 = 11 = B, 0011 = 3 = 3, 1100 = 12 = C より $(B3C)_{16}$ となる. 10 進数から 2 進数や 16 進数に変換および逆の変換を基数変換とよび, 具体的な求め方は 2.3 節で述べる.

表 2.1 10 進数, 2 進数, 16 進数の対応表

10 進数	2 進数	16 進数
0	0	0
1	1	1
2	10	2
3	11	3
4	100	4
5	101	5
6	110	6
7	111	7
8	1000	8
9	1001	9
10	1010	A
11	1011	B
12	1100	C
13	1101	D
14	1110	E
15	1111	F

2.3 基数変換

一般に，10進数，2進数，8進数，16進数の整数部分 m 桁，小数点以下 m 桁は図2.5のように表される．また，10，2，8，16を基数とよび，基数のべき乗を重みという．たとえば，4桁の10進数 $A = abcd$ の場合，$A = a \times 10^3 + b \times 10^2 + c \times 10^1 + d \times 10^0$ で与えられ，桁数は4桁，基数は10である．10^0，10^1，10^2，10^3 は基数10の重みである．

(1) n 進数と10進数の基数変換

n 進数から10進数への変換および10進数から n 進数への変換を行う基数変換の例を図2.6に示す．2進数，16進数から10進数に変換する場合は2進数，16進数の各重みに桁の数を掛けて足したものが10進数となる．10進数から n 進数へ変換する場合，最初に基数 n で割り，商と余りを求める．その商をさらに基数 n で割り，商と余りを求める．商が0になるまで繰り返し，求めた余りを最後の余りから初めの余りに向かって，求めた順番とは逆に並べていけばよい．図では2進数と16進数へ変換する場合について示している．

(2) 小数の基数変換

10進小数を n 進数に変換するには，図2.7の例に示すようにまず，10進数を基数 n 倍し，整数部を取り出す．小数部が0でなければ，小数をさらに基

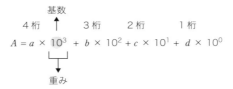

10進数 $A = abcd$

$A = a \times 10^3 + b \times 10^2 + c \times 10^1 + d \times 10^0$

n 進数の重み	m 桁 整数 $m \cdots 4\ 3\ 2\ 1$	小数 $1\ 2\ \cdots\ m$
10進数の重み	$10^{m-1} \cdots 10^3\ 10^2\ 10^1\ 10^0$	$10^{-1}\ 10^{-2} \cdots 10^{-m}$
2進数の重み	$2^{m-1} \cdots 2^3\ 2^2\ 2^1\ 2^0$	$2^{-1}\ 2^{-2} \cdots 2^{-m}$
8進数の重み	$8^{m-1} \cdots 8^3\ 8^2\ 8^1\ 8^0$	$8^{-1}\ 8^{-2} \cdots 8^{-m}$
16進数の重み	$16^{m-1} \cdots 16^3\ 16^2\ 16^1\ 16^0$	$16^{-1}\ 16^{-2} \cdots 16^{-m}$

図2.5　桁と重みの関係

2進数から10進数,16進数から10進数への変換

$(110010)_2 = 1 \times 2^5 + 1 \times 2^4 + 1 \times 2^1 = 50$

$(2AB)_{16} = 2 \times 16^2 + A \times 16^1 + B \times 16^0 = 512 + 160 + 11 = 683$

10進数から2進数,10進数から16進数への変換

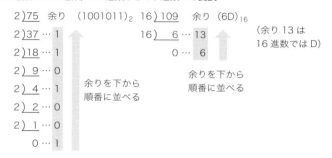

図2.6 n進数と10進数の基数変換

数n倍して再び整数部を取り出し,小数部が0になるまで同様に繰り返す.小数部が0になったら,取り出した整数部を最初のものから順番に並べる.

整数部と小数部を含むn進数の10進数への変換は,図2.5の基数による表記法により,図2.8の例のように各桁の数とその桁の重みを乗算し,これらの値の合計で求められる.図2.5に示すようにn進整数のm桁目の重みはn^{m-1},n進小数の小数点以下第m位の重みはn^{-m}であることに注意する.

2進数の8進数,16進数への変換の例を図2.9に示す.8進数は2進数の3bit,16進数は2進数の4bitに対応するので,小数点を基準に,3bitまたは,4bitずつ変換する.桁数が不足するときは0を補う.$(101011.01)_2$は2進数の101011.01,$(53.2)_8$は8進数の53.2,$(2B.4)_{16}$は16進数の2B.4をそれぞれ表す.

(例題2)

(1) 10進数の0.375を2進数に変換せよ.

(2) 2進数の100.101を10進数に変換せよ.

(3) 16進数の0.234を分数で表せ.

解答は章末に示す.

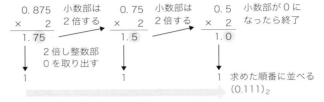

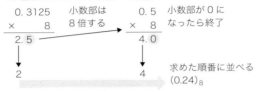

図 2.7　10 進小数の基数変換

2 進数 110010.1101 の 10 進数への変換

	1	1	0	0	1	0.	1	1	0	1
重み	2^5	2^4	2^3	2^2	2^1	2^0	2^{-1}	2^{-2}	2^{-3}	2^{-4}
	(=32)	(=16)	(=8)	(=4)	(=2)	(=1)	(=1/2)	(=1/4)	(=1/8)	(=1/16)
値	32	+ 16		+	2	+	0.5	+ 0.25	+	0.0625	=50.8125

16 進数 3AD.C6 の 10 進数への変換

	3	A	D	C.	6
重み	16^2	16^1	16^0	16^{-1}	16^{-2}
	(=256)	(=16)	(=1)	(=1/16)	(=1/256)
値	768	+ 160	+ 13	+ 12/16	+ 6/256	=941.7734375

図 2.8　整数部と小数部を含む n 進数の基数変換

(3) 補数を用いた演算

　コンピュータ内での情報の演算では，負の数を表現することが必要になる．与えられた数をある決められた数から引くことによって得られる数を補数という．コンピュータ演算では，負の数を表現するのに補数を用いるのが一般的である．図 2.10 は補数の求め方の例である．10 進数の補数には，10 の補数と

2.3 基数変換   23

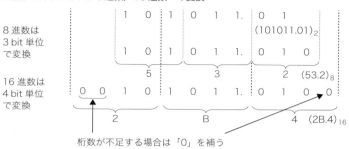

図 2.9 2 進数の 8 進数, 16 進数への変換

9 の補数がある．ある桁数の数について各桁をすべて 9 に置き換え，この数からもとの数を引いた値が 9 の補数であり，9 の補数に 1 を加えた値が 10 の補数である．図において 357 の 9 の補数は 999 から引いた値 642 であり，10 の補数は 643 である．10 の補数ともとの数を加えれば，$643 + 357 = 1000$ となり，3 桁分は 0 にクリアされ，4 桁目に桁上げされる．

2 進数の補数には 2 の補数と 1 の補数があり，$(00101110)_2$ の 1 の補数は各桁をすべて 1 に置き換えた $(11111111)_2$ からもとの数を引いた $(11010001)_2$ となる．1 の補数に 1 を足すことにより 2 の補数 $(11010010)_2$ が得られる．2 進数の場合，1 の補数はもとの数のすべてのビットを反転して簡単に求められる．これに 1 を加えれば，2 の補数となる．負数表現では，補数の最上位ビットは 1 となっている．

コンピュータでは，2 の補数で負の整数を表し，桁上げを無視することにより，減算を加算として処理することができる．2 の補数による減算の例を図 2.11 に示す．$25 = (00011001)_2$ の 2 の補数を求めると，$(11100111)_2$ となり，-25 を表す．これと 36 つまり $(00100100)_2$ を加算すると，$(100001011)_2$ となり，9 桁目の桁上げは無視して下から 8 桁分を読むと $(00001011)_2$ となる．

10進数357の補数

3桁の最大値を基準とする

```
    999
  − 357
  ─────
9の補数 642
      (+1足す)
10の補数 643
```

357+642= 999　全ての桁は9
357+643=1000　下3桁は0
　　　　↑
　　　桁上げ

2進数00101110の補数

8桁の最大値を基準とする

コンピュータでは，負の整数表現のために2の補数を用いる

図2.10　補数の求め方

2の補数による (36−25) の計算

① 36，25を2進数で表す
　　$36=(00100100)_2$　$25=(00011001)_2$

② $(00011001)_2$の2の補数は1，0を反転させて1を加える

③ 　(11100110)₂　　1の補数
　　────(+1)────
　　(11100111)₂　　2の補数　2の補数で−25を表現

④ 　　00100100
　　＋ 11100111
　　──────────
　　 100001011　　　→　8桁分読むと
　　 ↑　　　　　　　　　答え(00001011)₂
　桁上げは無視

図2.11　負数の補数による整数表現

2.4　論理演算と論理回路

　コンピュータにおける演算は論理演算とよばれる．論理とは正しい事実や仮定にもとづいて矛盾なく結論を導き出す道筋や方法である．コンピュータ内部

2.4 論理演算と論理回路

では2進数で演算処理が行われる．論理演算とは2進数で表現する1と0をそれぞれ「真」と「偽」に対応させ，真偽の値で行う演算のことであり，コンピュータ内部では電圧の高低で1と0を表す論理回路により実現される．

基本となる論理演算と論理演算の種類を図2.12に示す．基本の演算は論理積（AND）演算，論理和（OR）演算，否定（NOT）演算の三つであり，この演算を実行する回路の組合せでほかの論理回路を構成することができる．

論理演算の表現方法には，図2.13のように入力値と出力値の関係を表にし

1) 論理演算の基本
 ・論理積（AND）演算
 ・論理和（OR）演算
 ・否定（NOT）演算

2) 論理演算の種類
 ・論理積（AND）
 ・論理和（OR）
 ・否定（NOT）
 ・排他的論理和（EOR または XOR）
 ・否定論理和（NOR）
 ・否定論理積（NAND）

図 2.12　論理演算

論理積（AND）
演算記号：$A \cdot B$

A	B	AとBの論理積
0	0	0
0	1	0
1	0	0
1	1	1

論理和（OR）
演算記号：$A+B$

A	B	AとBの論理和
0	0	0
0	1	1
1	0	1
1	1	1

否定（NOT）
演算記号：$\overline{A}$

A	Aの否定
0	1
1	0

排他的論理和（EOR）
演算記号：$A \oplus B$

A	B	AとBの排他的論理和
0	0	0
0	1	1
1	0	1
1	1	0

否定論理和（NOR）
演算記号：$\overline{A+B}$

A	B	AとBの否定論理和
0	0	1
0	1	0
1	0	0
1	1	0

否定論理積（NAND）
演算記号：$\overline{A \cdot B}$

A	B	AとBの否定論理積
0	0	1
0	1	1
1	0	1
1	1	0

真理値表：論理値を入力したときの出力結果を一覧表にしたもの
論理積：入力がすべて1のときのみ1を，他の場合は0を出力
論理和：入力のいずれかが1なら1を，入力がともに0の場合は0を出力
否定：入力が0なら1を，1なら0を出力
排他的論理和：入力がすべて異なるとき1を，同一の場合は0を出力
否定論理和：論理和の否定であり，入力のいずれかが1なら0を，入力がともに0の場合は1を出力
否定論理積：論理積の否定であり，入力がすべて1のときのみ0を，他の場合は1を出力

図 2.13　論理演算と真理値表

た真理値表が一般的に用いられる．あわせて演算記号も示す．AND回路は入力値A, Bがともに真（1）である場合のみ，真（1）を出力する論理積演算を行う回路である．OR回路は入力値A, Bのいずれかが真（1）であれば，真（1）を，入力値がともに偽（0）のときは偽（0）を出力する論理和演算を行う回路である．NOT回路は入力値の逆を出力する否定演算を行う回路である．また，EOR回路は入力値A, Bの値が不一致のときに真（1）を出力する排他的論理和演算を行う回路である．

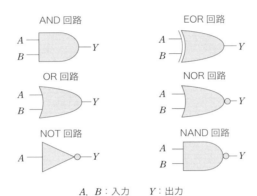

A, B：入力　　Y：出力

図 2.14　論理回路の回路記号

（定理1）$\overline{A+B}=\overline{A}\cdot\overline{B}$（論理和の否定は，それぞれの否定の論理積に等しい）

A	B	$A+B$	$\overline{A+B}$		$\overline{A}$	$\overline{B}$	$\overline{A}\cdot\overline{B}$
0	0	0	1		1	1	1
0	1	1	0		1	0	0
1	0	1	0		0	1	0
1	1	1	0		0	0	0

否定論理和（NOR）回路を基本回路で構成できる．

（定理2）$\overline{A\cdot B}=\overline{A}+\overline{B}$（論理積の否定は，それぞれの否定の論理和に等しい）

A	B	$A\cdot B$	$\overline{A\cdot B}$		$\overline{A}$	$\overline{B}$	$\overline{A}+\overline{B}$
0	0	0	1		1	1	1
0	1	0	1		1	0	1
1	0	0	1		0	1	1
1	1	1	0		0	0	0

否定論理積（NAND）回路を基本回路で構成できる．

図 2.15　ド・モルガンの定理

さらに，NOR 回路は論理和演算の否定回路，NAND 回路は論理積演算の否定回路である．図 2.14 に論理回路の回路記号を示す．AND 回路，OR 回路，NOT 回路は基本回路とよばれ，これらを組み合わせて EOR 回路，NOR 回路，NAND 回路を構成できる．図 2.15 のド・モルガンの定理に示すように NOR 回路，NAND 回路は基本回路で構成できることが証明されており，EOR 回路も同様に基本回路で構成できることが明らかになっている．

2.5　情報のディジタル化と文字情報の表現

電話音声などのアナログ信号の情報をディジタル情報に変換する過程を図 2.16 に示す．ディジタル化は入力［アナログ信号（情報）］→標本化→量子化→符号化→出力［ディジタル信号（情報）］という順序で行われる．標本化は連続した波形のアナログ信号を一定周期で分割することである．標本化をサンプリングとよぶ場合もある．量子化は標本化波形の振幅を離散的な数値に変換することである．また，符号化は離散的な数値を 2 進数へ変換することである．

(1) 標本化定理

標本化では，図 2.17 に示す標本化定理が重要である．これは，入力信号が周波数 B よりも高い周波数を含まない信号（帯域を制限された信号）である場合，繰返し周期が $1/2B$ よりも小さいパルス列で標本化を行えば，そのパルス列から原信号を再生できるというものである．あるいは，ナイキスト

音声などのアナログ信号をディジタル信号に変換するには，標本化，量子化，符号化が行われる．

標本化：連続的なアナログ信号を一定間隔（1 秒あたりの時間間隔をサンプリング周期という）の信号として，取り出す．
量子化：取り出した信号の大きさを数値化する．
符号化：量子化で得られる離散的な数値を 1，0 の 2 進数で表現する．

図 2.16　アナログ信号のディジタル化の流れ

(Nyquist)の標本化定理として入力信号の最高周波数f_mがBに制限されているとき，標本化周波数f_sが$f_s > 2B$の条件を満たす場合，標本化された波形よりもとの信号を再生することができることが知られている．具体的には，アナログ信号に含まれる最高周波数の2倍以上の標本化周波数でサンプリングすればよい．電話では，最高周波数は 3.4 kHz であるが，実際には余裕をみて 4 kHz とし，標本化周波数は 8 kHz としている．このとき，標本化周期 T は 1/8000 (s) = 125 μs である．高音質の音声を記録する CD の場合，高音域の信号成分を含むため最高周波数は約 20 kHz であるので，標本化周波数は 44.1 kHz となっている．高品質ディジタル電話の標本化周波数は 16 kHz である．また，音声の量子化ビット数は図 2.18 に示すように通常品質では 8 bit (2^8 = 256 段階：256 個の離散的な振幅値に量子化)，高品質では 16 bit (2^{16} = 65,536 段階) である．

ディジタル信号をネットワークで伝送するときの速度を伝送速度とよび，1秒間に何ビット送信したかで数値で表現する．単位はビット/秒である．bit/s, bps などで表す．電話の伝送速度は標本化周波数が 8 kHz，1 標本値について 8 bit で符号化されるので，8 kHz×8 bit = 64 kbit/s となる．

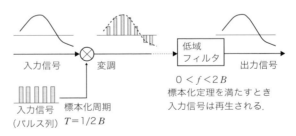

入力信号が周波数 B よりも高い周波数を含まない信号（帯域を制限された信号）である場合，標本化周期 T が $1/2B$ よりも小さいパルス列で標本化を行えば，そのパルス列から原信号を再生できる．

Nyquist's sampling theorem（ナイキストの標本化定理）
入力信号の最高周波数 f_m が B に制限されているとき，標本化周波数 f_s が $f_s > 2B$ の条件を満たす場合，標本化された波形よりもとの信号を再生することができる．

図 2.17　標本化定理

（例）3 bit（2^3=8 段階）で量子化

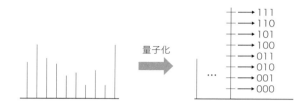

音声の量子化：通常品質 8 bit（2^8=256 個）〜高品質 16 bit（2^{16}=65,536 個）

図 2.18　音声の量子化と品質

（2）文字コードを用いた文字表現

コンピュータでは文字（漢字，数字，ひらがななど）の形では処理できない．文字はコード化（1，0で表現）が行われる．アルファベット，数字，記号は 1 byte = 8 bit（256 通り）で表現され，漢字は 2 byte = 16 bit（65,536 通り）で表現される．これらの文字は表 2.2 に示す各種文字コードで表現される．ASCII コードは英数字，記号文字，制御コードを表す 7 ビットコードであり，JIS 漢字コードは英数字，記号文字，ひらがな，カタカナ，漢字を表す 16 ビットコードである．図 2.19 に JIS 漢字コードの文字コード表の読み方を示す．ひらがなの「あ」の場合は横の列 4 番目の第 1 バイト 00100100 = 24 と縦の列 2 番目の第 2 バイト 00100010 = 22 から 16 進文字コードで「2422」のように表現される．

表 2.2 文字コードの種類

サイズ	コード名称	概要
1 byte	ASCII コード	英数字，記号文字，制御コードを表す7 ビットコード
	JIS コード	ISO コード（国際規格）をもとにした半角文字コード（JIS X0201）
	EBCDIC コード (拡張 2 進化 10 進コード)	汎用コンピュータの標準である 8 ビットコード
2 byte	JIS 漢字コード	英数字，記号文字，ひらがな，カタカナ，漢字を表す 16 ビットコード
	シフト JIS コード	JIS 漢字コードの表現領域をずらした 16 ビットコード
	Unicode	世界中の文字を 2 byte で表す国際規格の 16 ビットコード
マルチバイト	日本語 EUC コード	UNIX で使用される 1〜3 byte のマルチバイトコード

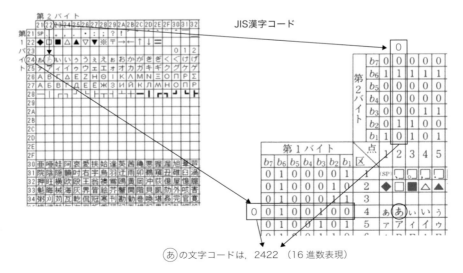

あの文字コードは，2422（16 進数表現）

図 2.19 文字コード表の読み方

(例題 1 の解答)

　n bit で 2^n 種類の文字が表示できる．6 bit で $2^6 = 64$ 種類，7 bit で $2^7 = 128$ 種類，8 bit で $2^8 = 256$ 種類の情報表現が可能である．120 種類の文字を表すには $2^6 = 64 < 120 < 2^7 = 128$ であるから，6 bit では不足し，7 bit あれば 120 種類を表現できる．したがって，7 bit 必要である．

(例題 2 の解答)

(1)

```
        0.375    小数部は       0.75   小数部は       0.5
      ×     2    2倍する      ×    2   2倍する      ×    2
        0.75                  1.5                  1.0
         ↓   2倍し整数部         ↓                    ↓
              0を取り出す
         0                     1                    1    求めた順番に読む
                                                         (0.011)₂
```

答　$(0.011)_2$

(2)
重み　　2^2　　2^1　　2^0　　2^{-1}　　2^{-2}　　2^{-3}
　　　　1　　　　0　　　　0.　　　1　　　　　0　　　　　1
　　　（=4）（=2）（=1）（=1/2）（=1/4）（=1/8）
値　　　4　　　　+　　　　　　　0.5　　+　　　　　0.125　=　4.625

答　4.625

(3) $(0.234)_{16} = \dfrac{2}{16} + \dfrac{3}{16^2} + \dfrac{4}{16^3}$

　　　　　　　　$= \dfrac{141}{1024}$

答　$\dfrac{141}{1024}$

3
コンピュータ

- **3.1 半導体素子の変遷**
  - トランジスタ
  - 集積回路
- **3.2 コンピュータの構成**
  - 特徴と変遷
  - 汎用コンピュータ
  - 構成と機能
- **3.3 演算装置**
  - CPU
  - 演算処理方法
  - 演算の高速化
- **3.4 記憶装置と記憶媒体**
  - RAM と ROM
  - 外部記憶装置
  - 補助記憶媒体
- **3.5 周辺装置**
  - プリンタ
  - ディスプレイ
  - フルカラー
  - 入出力インタフェース
- **3.6 ソフトウェアとコンピュータ言語**
  - オペレーティングシステム
  - プログラミング言語

本章の構成

本章では，コンピュータの構成（ハードウェア，ソフトウェア）と演算の仕組みについて記述する．具体的には，コンピュータのハードウェア回路の基盤となる半導体素子について記述し，コンピュータの構成・機能，演算の仕組みおよび記憶装置，周辺装置について具体的に述べる．さらにソフトウェアの中核となる OS（オペレーティングシステム）とソフトウェアを記述するコンピュータ言語について概説する．これらを学習することによりコンピュータに対する知識を修得する．前頁に本章の構成を示す．

3.1 半導体素子の変遷

コンピュータをはじめとする多くの電子機器の回路には 1，0 の論理演算を行うためにスイッチング素子とよばれる素子が使用されている．古くは機械式のリレーとよばれる電磁スイッチが使用され，その後，真空管が使われた．これらは形状や消費電力が大きく，信頼性が低いという課題があった．その後，1948 年に AT&T ベル研究所のウォルター・ブラッテン，ジョン・バーディーン，ウィリアム・ショックレーらのグループにより半導体素子としてトランジスタが発明され，コンピュータなどの電子機器に使用されるようになった．

半導体とは，金，銅，銀などの導体とゴム，ガラスなどの絶縁体との中間的な性質（電気伝導性）をもつ物質であり，ゲルマニウム，シリコン（珪素）が代表的な半導体素子の原料である．シリコンの結晶は比重 2.0，融点 1420 ℃，抵抗率約 10^3 Ω cm の灰色の石である．トランジスタは小型，低消費電力，高信頼性という優れた長所があり，日本では 1954 年にゲルマニウムトランジスタが最初に製品化され，1955 年にはトランジスタを搭載したトランジスタラジオが商品化された．図 3.1 にコンピュータを支える半導体素子を示す．

集積回路 (IC：Integrated Circuit) はモノリシック集積回路が代表的であり，数 mm 角〜10 数 mm 角の 1 枚の半導体基板上に，トランジスタ，ダイオード，コンデンサ，抵抗などの回路素子を形成し，素子間をアルミニウム蒸着膜などの配線により結んだものである．組立て工数が少ないため安価である．集積回路を実際に製作したのは米国のテキサス・インスツルメンツ（TI）のジャック・キルビーとフェアチャイルド・セミコンダクタのロバート・ノイスである．キ

トランジスタ
- 1948年AT&Tベル研究所にて発明
- 点接触トランジスタを製作
- ブラッテン，バーディーン，ショックレーの3人が製作
- 小型，低消費電力，高信頼性

集積回路（IC：Integrated Circuit）
- 半導体ウェハースの上に複数のトランジスタを形成，回路部品内で配線
- TI社キルビーらによる発明

大規模集積回路（LSI：Large Scale Integration）
- 半導体ウェハースの上に複数のトランジスタを形成

図3.1　コンピュータを支える半導体素子

ルビーは半導体回路を一つのチップ上に形成するというアイデアを，キルビー特許とよばれる一連の特許にまとめている．また，ノイスはシリコン基板の表面下に素子を形成する光露光技術（プレーナ技術）を考案している．集積回路からより集積密度の高い大規模集積回路（LSI：Large Scale Integration）が製造され，近年では，トランジスタを数百万個以上集積化した超大規模集積回路（VLSI：Very Large Scale Integration）や集積度が1000万個以上のULSI（Ultra Large Scale Integration）が製品化されている．

3.2　コンピュータの構成

(1) コンピュータの特徴と変遷

　コンピュータは計算する（compute）する機械であり，計算機（computer）のことである．具体的には，古くは算盤（そろばん），計算尺などがあげられ，歯車などの機械部品で構成される機械式計算機，電気・電子回路による電子式卓上計算機（電卓），パソコンなどがある．一般的に歯車などを用いた機械式計算機と電子式計算機をコンピュータとよぶ．コンピュータはデータの演算，処理を1，0の2進のディジタル値で行う．また，計算を高速に行うことがで

きるとともに，大量のデータを記憶でき，さまざまなデータを処理することができる．コンピュータを相互に接続してさまざまなデータをやりとりすることが可能である．以上をまとめるとコンピュータの特徴は以下のようになる．

- 処理速度がきわめて速い．
- 処理結果が正確である．
- 大量のデータの蓄積と検索が可能である．

コンピュータの原点は機械式計算機であり，パスカル（1623-1662）による歯車式の計算（加減乗除）機械やバベッジ（1791-1871）による計算規則とデータをパンチカードで与え，記憶，実行する解析機械が代表的な計算機である．電子式計算機としては第二次世界大戦において米国陸軍が大砲の砲弾の弾道計算を行うために開発した真空管17,468本を使用し，重量が30tもあるENIACが有名である．ENIACでは，真空管のON，OFFのスイッチング特性を利用して演算を行った．

現在のコンピュータの構成の基本となっているのがプログラム内蔵方式(Stored Program方式)のノイマン型コンピュータである．これはジョン・フォン・ノイマンが提唱した計算方式であり，計算の手順（プログラム）をあらかじめ記憶装置（メモリー）に電気的に記憶（プログラム内蔵）させておき，それを逐次実行（逐次処理）させる計算機である．図3.2にプログラム内蔵方式

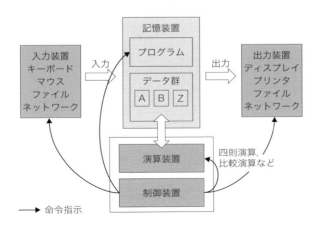

図3.2　ノイマン型コンピュータの基本構成

のコンピュータの基本構成を示す．記憶装置，演算装置，制御装置，入出力装置からなるコンピュータの基本的構成が提案されている．この方式はメモリにデータと命令（プログラム）を電子的に記憶し，命令を取り出して解読し，電子回路に指示して処理を行う点が特徴である．

現代のようにパソコンや携帯電話端末，スマートフォンなどが普及している情報化社会においてはさまざまなコンピュータが利用されており，図3.3に示すように文書作成や事務処理などの各種業務処理が行える汎用コンピュータ，携帯電話端末や家電製品などの特定の機能を提供する機器に組み込むマイコンに大別される．業務用機器として大型コンピュータから小型化コンピュータに発展してきた汎用コンピュータには，中央にコンピュータを配し，多くの端末から利用する大型汎用計算機（メインフレーム），小規模で企業の部署程度で利用するサーバなどを含むワークステーション（ミニコン），個人が所有し利用するパソコン（パーソナルコンピュータ）がある（図3.4）．

（2）コンピュータの機能と構成

現在，もっとも身近に使用されているコンピュータは個人利用が中心のパソコンであり，回路部品はすべて集積回路を用いているため，本体を机上に置いたり，鞄に入れてもち運べるほどに小型化されている．パソコンの各装置の構成と役割を図3.5に，本体の構成を図3.6に示す．パソコン本体には，ディス

図3.3　情報化社会におけるさまざまなコンピュータ

3.2 コンピュータの構成 37

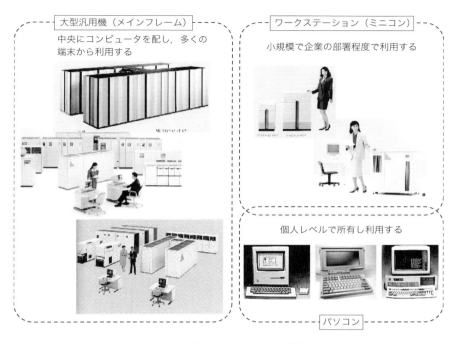

図 3.4 汎用コンピュータの種類

プレイ，プリンタなどの周辺装置が接続される．本体には，演算回路，記憶回路を搭載したマザーボード，ハードディスクおよびフロッピー，CD-ROM などの駆動装置が実装されている．

　コンピュータのハードウェアは一般的には，図 3.7 に示すように入力装置，出力装置，中央処理装置（演算装置，制御装置），主記憶装置，補助記憶装置から構成されている．これらの部分はバスケーブルとよばれる銅線の束で相互に接続され，通常は制御装置から送られる制御信号によって動作する．

　入力装置はコンピュータ処理に必要なデータ，プログラムなどを入力するための装置であり，キーボード，マウス，スキャナなどが該当する．出力装置はコンピュータで処理した結果や途中の状況を出力，表示，印刷するための装置であり，ディスプレイ，スピーカ，プリンタなどがある．中央処理装置はコンピュータの心臓部にあたり，CPU (Central Processing Unit) あるいはプロセッサともよばれ，演算装置および制御装置からなる．演算装置は数学的計算を行

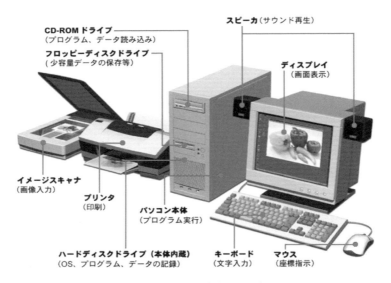

図 3.5　パソコン各装置の役割

（出典：情報機器と情報社会のしくみ素材集 http://www.sugilab.net/jk/joho-kiki/）

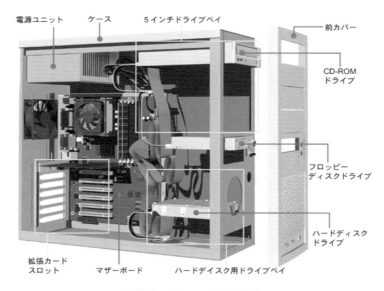

図 3.6　パソコン本体の構成

（出典：情報機器と情報社会のしくみ素材集 http://www.sugilab.net/jk/joho-kiki/）

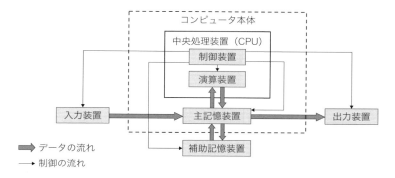

図 3.7　コンピュータハードウェアの構成

う算術演算や 2 進数での論理演算を行う装置である（3.3 節）．制御装置はコンピュータの各装置を制御する装置である．記憶装置には，コンピュータの処理中に使用する主記憶装置とそれを補う補助記憶装置がある．主記憶装置はメモリともよばれる．補助記憶装置は主記憶装置の容量不足を補うためや，データの長期記憶やバックアップのためにメディアとよぶ外部の媒体にデータを記憶する装置である（外部記憶装置ともいう）．代表的なものとしてはハードディスクや CD-ROM 装置，フラッシュメモリなどがある（3.4 節）．これらの装置による機能はコンピュータの 5 大機能とよばれ図 3.8 のようになる．各機能の説明とデータの処理の流れを以下に示す．

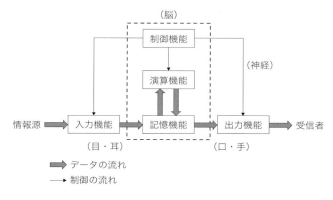

図 3.8　コンピュータの機能

1. 入力機能：コンピュータに必要な情報を取り入れる機能
2. 記憶機能：入力されたデータ，プログラム，演算結果を記憶しておく機能
3. 演算機能：データをもとにさまざまな計算を行う機能
4. 制御機能：コンピュータ各装置の動作を正常に保つために動作を制御（操作，指示，管理）する機能
5. 出力機能：処理データを人間が理解できる形に変換して渡す機能

図 3.8 から情報源からの情報は目，耳に相当する入力装置に入り，脳に相当する中央処理装置に伝達される．脳内の中央処理装置において演算処理を行い，神経により各装置の制御を行うとともに記憶装置で処理結果を記憶する．一方，処理結果の一部は脳からの制御命令により口，手などの出力装置をとおして音声出力，画像表示などで受信者に伝える．

3.3 演算装置

コンピュータの演算装置は中央処理装置あるいは CPU とよばれ，LSI などの集積回路で構成される．コンピュータの頭脳部分であり，演算，制御の機能を有する．

コンピュータの演算処理は当初，複数の半導体チップが連携して行っており，この半導体チップ群を CPU とよんでいた．中央処理装置を 1 個の半導体チップに集積した部品がマイクロプロセッサである．現在のコンピュータではマイクロプロセッサですべての演算を行い，プログラムの読込み，実行を行っている．マイクロプロセッサには，1 回の命令で同時に処理できるデータ量によって 16 bit，32 bit，64 bit などの種類があり，一般に bit 数値が大きいものほど性能が高い．また，CPU の演算速度は CPU クロック周波数が高いほど速度が速く，クロック周波数 3.2 GHz の CPU の演算速度は 1/3.2 GHz = 0.3125 ns = 0.3125×10^{-9} s である．

マイクロプロセッサは 1971 年に電卓用の 4 bit プロセッサが実用化されている．最近では，コンピュータ以外にも携帯電話端末やゲーム機，高機能な家電製品に搭載されて複雑な信号処理，制御などを行っており，パソコンに匹敵

する能力を発揮している．

中央処理装置の中心となる演算装置は，ALU（Arithmetic Logic Unit）とよばれる算術論理演算装置である．ALUは整数演算操作（加算，減算，乗算），ビット演算（AND，NOT，OR，EXOR）およびビットシフト操作（ワードを指定されたビット数分だけ右または左にシフトする）を行う．演算には2の補数表現を使用している．

図3.9にコンピュータの中央処理装置とメモリの間での演算処理の流れを示す．CPUのクロックサイクルごとに命令とデータをメモリから取り出す．取り出した命令をもとに中央処理装置でデータの演算処理を実行し，処理した結果をメモリに書き込む．演算処理は「停止」の命令が出るまでこの手順を繰り返す．

図3.10にコンピュータの演算方式を示す．プログラム内蔵方式のコンピュータ演算では図3.9からわかるように図3.10の命令を一つずつ取り出して順番に処理を実行する逐次制御方式が行われていた．この方式では，読取り→実行→読取り→実行というように処理を順番に行うので，演算時間がかかるという欠点があった．これを改良した方式が先行制御方式であり，命令を実行中に次の命令を読み込んで演算時間を短縮している．さらに発展した方式がパイプライン処理方式であり，命令の処理プロセスを細分化して並行処理する方法である．より演算速度を高速化する方法が並列処理方式である．複数のCPUを用いて同時処理するものであり，複数のCPUで処理するマルチプロセッサ，スーパーコンピュータなどで採用されているアレイプロセッサがある．最近の映像

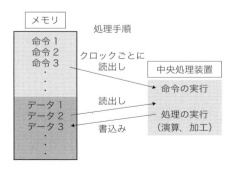

図 3.9　コンピュータ処理の仕組み

逐次制御方式 命令を1つずつ取り出して順番に実行する方式

| 命令読取り | 命令実行 | 命令読取り | 命令実行 | 命令読取り | 命令実行 |

先行制御方式 ある命令の実行中に，同時に次の命令を読み出す方式

命令読取り	命令実行
命令読取り	命令実行
命令読取り	命令実行

パイプライン処理方式 先行制御方式の発展系
命令読取り，実行のプロセスを細分化して，並行処理する．

並列処理方式 複数のCPUを使用して並行処理を行う方式
・マルチプロセッサ
・アレイプロセッサ（スーパーコンピュータ用．CPUを格子状に配置）

図 3.10　コンピュータの演算方式

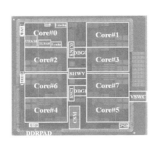

マルチプロセッサ
・1台のコンピュータを複数のCPUで構成

マルチコア
・一つのCPUを複数のCPU（コア）で構成
・現在のCPUの主流

特徴
・プロセッサ数を増やせば処理能力が向上
・並列処理（各CPUが別々に計算）
　各処理が従属している場合やメモリ共有などにより処理能力は単調増加しない

図 3.11　マルチプロセッサとマルチコア

系などの膨大なデータを効率よく処理するため最新のパソコン，スマートフォンのマルチプロセッサ方式では，図3.11のように複数のCPUやコアとなるCPUを2個，4個以上搭載して並列処理するマルチプロセッサとマルチコアを併用することが主流になっている．

3.4 記憶装置と記憶媒体

コンピュータの記憶機能を担うハードウェアは図 3.7 に示すように主記憶装置と補助記憶装置である．記憶装置の役割を図 3.12 に示す．主記憶装置は CPU との間でプログラムやデータをやりとりし，短期的に記憶を行う．主な媒体は半導体記憶装置（半導体メモリ）である．外部記憶装置は補助記憶装置のことであり，主記憶装置を経由して CPU との間でプログラムやデータをやりとりし，長期的に記憶を行う．ディスク型記憶装置（記録媒体）やテープ型記憶装置（記録媒体）がある．

(1) RAM と ROM

主記憶装置に使用される記憶素子は半導体メモリとよばれ，図 3.13 に示すように RAM と ROM に大別される．RAM (Random Access Memory) はデータの書込み，読出しが可能な半導体メモリであり，DRAM (Dynamic RAM) と SRAM (Static RAM) がある．表 3.1 に RAM の特徴を示す．DRAM はコンデンサが蓄えた電荷の有無で 1，0 の情報を表現する．集積度が高く，コストは安いが，コンデンサの電荷が時間とともに放電するので一定時間ごとに再書込みするリフレッシュが必要である．集積度が高いとより多くの情報が記憶

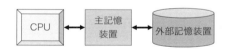

主記憶装置
- CPUが必要とするプログラムやデータを短期的に記憶
  - CPUとの情報のやりとり
  - 外部記憶との情報のやりとり
  - 短期記憶
- 主な媒体
  - 半導体記憶装置（媒体）
    ・高速に CPU とのやりとり

外部記憶装置（補助記憶装置）
- CPUが必要とするプログラムやデータを長期的に記憶
  - ファイルとして保存，配布
  - 記憶の補助
  - 長期記憶
- 主な媒体
  - ディスク型記憶装置（媒体）
    ・大量のファイルの保存
    ・任意のファイルの利用
  - テープ型記憶装置（媒体）
    ・大量のファイルの長期保存

図 3.12　記憶装置の役割

できデータ処理に有効であり，消費電力が少ないことから，DRAM は主記憶装置に使用されている．これに対し，SRAM はフリップフロップという回路でつくられており，処理速度が高速であるので主記憶装置の代わりにデータの入出力や保存を行うキャッシュメモリなど高速・小容量の記憶装置に使用されている．回路が複雑なため集積度は低く，価格は高いが，回路内で 1，0 を保持するためにリフレッシュを行う必要はない．

ROM（Read Only Memory）はデータの読出しのみ可能な半導体メモリである．ROM には，表 3.2 のように 4 種類がある．マスク ROM は出荷時にすでに書込みが行われており，読出し専用である．PROM（Programmable ROM）はプログラマブル ROM とよばれ，出荷時には書込みは行われておらず，ユーザが書き込むことが可能な ROM である．書込みには ROM ライタとよばれる専用の装置を使用し，1 回のみ書込み可能である．PROM はデータの消去はできない．EPROM（Erasable ROM）は書き込んだデータを消去できる ROM である．データの消去には紫外線を照射する専用装置を使用する．消去

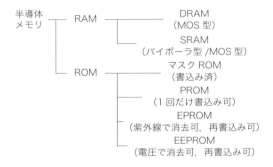

図 3.13　半導体メモリの種類

表 3.1　RAM の特徴

種類	仕組み	リフレッシュ (再書込み)	速度	集積度	価格	用途
DRAM (Dynamic RAM)	コンデンサ電荷の有無	必要	低速	高い	安価	主記憶装置
SRAM (Static RAM)	フリップフロップ回路	不要	高速	低い	高価	レジスタ，キャッシュメモリ

後の再書込みも可能である．EEPROMは電圧をかけることでデータを消去し，再書込みできるROMである．フラッシュメモリ（メモリスティック，スマートメディア，マルチメディアカードなど）に使用されている．

(2) 外部記憶装置

外部記憶装置の例を図3.14に，補助記憶媒体の種類を表3.3に示す．記憶方式として光すなわちレーザ光線を用いたもの，磁気を用いたもの，両者を用いたものおよび半導体を利用したものなどがある．

磁気ディスク装置は合金，ガラスなどの硬い円盤に磁性体を塗布したものを記憶媒体として1，0の情報を記憶する装置である．コンピュータでは，ハードディスク（HDD：Hard Disk Drive）とよばれる装置が一般に用いられる．ハー

表3.2　ROMの特徴

種類	書込み	消去	特　徴
マスクROM	×	×	製造時に書き込まれたデータを読取り専用で使用
PROM	○	×	データの書込みは1回のみ可能 データの消去は不可
EPROM	○	○	紫外線によりデータの消去が可能 再書込み可能
EEPROM	○	○	電気的にデータの消去が可能 フラッシュメモリ（メモリスティック，スマートメディアなど）に使用

磁気ディスク
・HDD（ハードディスク）

光ディスク
・CD，DVD

磁気テープ
・MT（Magnetic Tape）

フラッシュメモリ
・SSD（Solid State Drive）

図3.14　外部記憶装置

表3.3　補助記憶媒体

名　称	形　式	記　憶　容　量
Blu-ray Disc	光ディスク	25 GB（両面 50 GB）
DVD-ROM	光ディスク	片面一層 4.7 GB～両面二層 17 GB
CD-ROM	光ディスク	650 MB
CD-RW（CD ReWritable）	相変化型光ディスク	650 MB
CD-R（CD Recordable）	色素型光ディスク	650 MB
MO（Magneto Optical）	光磁気ディスク	1.3 GB，640 MB，540 MB，230 MB，128 MB
HDD（Hard Disk Drive）	磁気ディスク	1 TB，2 TB，4 TB など
FD（Floppy Disk）	磁気ディスク	1.44 MB，720 kB
USB フラッシュメモリ	半導体メモリ	8 GB，16 GB，32 GB，64 GB など

ドディスクの構造を図3.15に示す．また，ハードディスクにおける記憶の仕組みを図3.16に示す．ハードディスクのデータは，磁気ディスクを同心円状にシリンダ，回転方向にセクタとよばれる微小領域に分割して記録される．セクタの円周上の集合をトラックとよぶ．ハードディスクでは，複数枚の磁気ディスクが同じ回転軸に取り付けられ，アクセスアームの先端の磁気ヘッドが移動しながらトラックの記憶面にアクセスする．複数のアクセスアームはすべて同時に動くため1回に複数の磁気ディスクからデータを読取り，書込みできるので同じ距離にあるトラックの集合を一つにまとめてシリンダとよぶ．この場合，ハードディスクの記憶容量は以下の式で求められる．

$$記憶容量 = 1セクタあたりの記憶容量 \times 1トラックのセクタ数 \times 1シリンダあたりのトラック数 \times シリンダ数 \qquad (2.1)$$

たとえば，シリンダ数＝1800シリンダ，1シリンダあたりのトラック数＝40トラック，1トラックのセクタ数＝64セクタ，1セクタあたりの記憶容量＝600 byte とすると，このハードディスクの記憶容量は以下のようになる．

$$\begin{aligned}記憶容量 &= 600 \times 64 \times 40 \times 1800 \text{ byte} \\ &= 2764800000 \text{ byte} \\ &= 2764800000 \div 1024 \div 1024 \div 1024 \text{ GB} \\ &\fallingdotseq 2.57 \text{ GB}\end{aligned}$$

CD-ROM 装置は代表的な光ディスク補助記憶装置であり，音楽用 CD

3.4 記憶装置と記憶媒体　　47

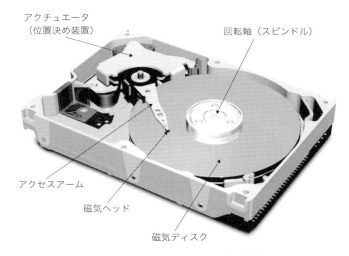

図 3.15　ハードディスクの構造

(出典：情報機器と情報社会のしくみ素材集 http://www.kayoo.org/home/mext/joho-kiki/)

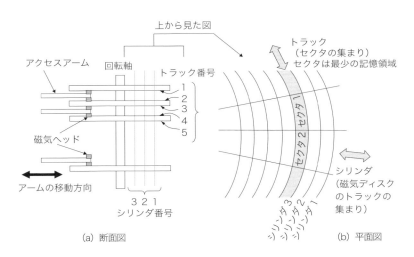

図 3.16　ハードディスクの仕組み

(Compact Disc) と同じディスクを記憶媒体として使用する．CD-ROM 媒体 (以下 CD) は直径 12 cm，厚さ 1.2 mm であり，540 MB～650 MB 程度の記憶容量がある．CD の構造を図 3.17 に示す．CD は磁気ディスクのようにトラッ

クが同心円状に並んでいるのではなく，セクタが螺旋状に連続したトラックになっている．CDは図のようにポリカーボネート基板上に，反射層の窪みであるピットと平坦部分のランドがあり，これらの組合せで1,0を表すようになっている．データの読取りはCDに記録されたピットとランドにレーザ光線を当てて反射率の差から読み取る仕組みになっている．すなわち，レーザ光線がランドに当たると反射光はレンズに集められ，ピットに当たると反射光は拡散するようになっている．DVD（Digital Versatile Disk）は図3.18のように大きさはCDと同じ直径12 cm，厚さ1.2 mm（片面0.6 mm×2）であるが，記憶容量は4.7 GB〜17 GBと大容量である．DVDは0.6 mmのディスクを2枚貼り合わせた構造であり，レーザの焦点をずらすことにより2層の記録層への書込みを可能としている．DVDは大容量データの保存，ビデオ映像の記録，編集に適している．CDとDVDの記録と再生の原理をまとめたものを図3.19に示す．

(3) 補助記憶媒体

表3.4はCDの媒体を種類で分類したものである．CD-ROMは前述した読取り専用の媒体である．CD-R（Recordable）はCD-ROMと同じ大きさで同

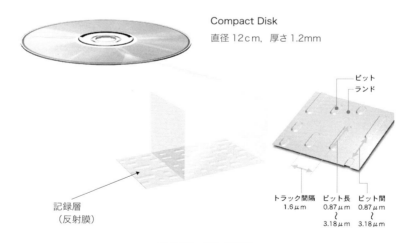

図3.17　CDの構造

（出典：情報機器と情報社会のしくみ素材集 http://www.sugilab.net/jk/joho-kiki/）

3.4 記憶装置と記憶媒体   49

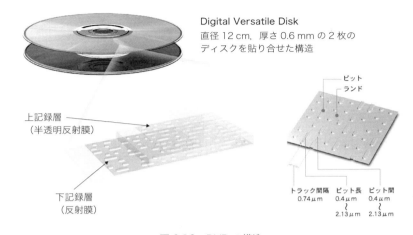

図 3.18　DVD の構造
（出典：情報機器と情報社会のしくみ素材集 http://www.sugilab.net/jk/joho-kiki/）

じ記憶容量をもつ．記録速度は最大 72 倍速のものがある．データの書込みは一度だけ可能であり，書き込んだ情報を消去することはできない．すなわち，CD-R では記録時には出力の強いレーザ光線を記録面の色素に当てて焼き切り，反射層へ直接透過する点を生じさせて，これをピットに相当する非可逆的なデータとして記録する．読出し時には，弱いレーザ光を照射することにより，反射面が直接露出し，反射率が高い点と反射率の低い点を検出してデータを読み出す．ディスクに一度しか書き込めないものと未使用領域に追加で書き込めるものなどがある．CD-RW（Rewritable）は図 3.20 のように記録層（銀，インジウム，アンチモンなどの相変化金属）の結晶状態をレーザ光線により結晶状態，非結晶状態（アモルファス状態）に相変化の制御を行って書込み，消去を行う．データの記録の書換え速度は最大 10 倍速，書換え回数は約 1,000 回程度である．図 3.21 のように記録のときは出力の強いレーザ光線を照射して急速加熱，冷却を行い，アモルファス状態でデータを書き込む．消去のときは出力の弱いレーザ光線を照射してゆっくり冷却し，結晶状態をつくり出してデータの消去を行う．

　DVD では，書込み可能な媒体の種類は一度だけ書込み可能な DVD-R，約

```
CD
    記憶容量：   650 MByte（直径 12 cm）
    読込み速度： 150 KByte/s ～数 MByte/s
DVD
    記録容量：   片面一層 4.7 GByte，片面二層 8.54 GByte（直径 12 cm）
                 両面一層 9.4 GByte，両面二層 17.08 GByte
    読込み速度： 11.08 Mbps（1385 KByte/s，1倍速），最高 16倍速
```

記録の原理

媒体成型時にあらかじめ凸凹の
ピットとしてデータが記録されている．

凸凹の変化するところがデータの1となる．

反射膜
（アルミなど）   10001000010000001000

再生の原理

弱いレーザビームを記録面に当てて，
反射光を検出する．

図 3.19　CD，DVD の記録と再生の原理

表 3.4　CD 媒体の分類

種類	記録方式	概　要
CD-ROM		読出し専用
CD-R（Recordable）	ディスク・アットワンス	ディスク全体で一度だけ書込み可能
	マルチセッション	未使用領域に追記が可能
	パケットライティング	パケット単位の追記で，仮想的な削除も可能
CD-RW（ReWritable）		書換え可能

分子が規則的に配列　　分子がバラバラの状態で固まっている
　　結晶状態　　　　　　　　**非結晶状態**
　　　　　　　　　　　　　　（アモルファス状態）

図 3.20　CD-RW の記録層の状態変化

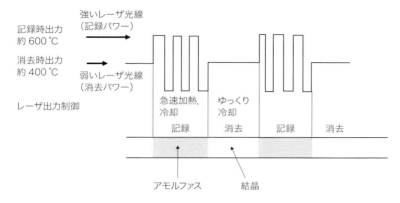

図 3.21　CD-RW の書込みと消去の原理

1,000 回程度書込み可能な DVD-RW，または約 10 万回書換え可能な DVD-RAM などがある．DVD には図 3.22 に示すように提案された規格の関係で多くの種類があり，現在，一般的に使用されているのが，DVD-ROM，DVD-R，DVD-RW，DVD-RAM である．

半導体メモリを使用した補助記憶媒体としては図 3.23 に示す USB メモリ，図 3.24 に示す SSD（Solid State Drive）がある．USB メモリはフラッシュメモリのチップを搭載した USB コネクタを備えたメモリである．電荷をためる領域が絶縁体に挟まれているので電源オン，オフの負荷による使用回数は数百万回程度である．SSD は最近のパソコンなどに使用されているフラッシュメモリを使用した大容量の外部記憶装置である．長所はアクセス時間が短い，物理的な稼働箇所がないため振動，衝撃に強い，動作音がしない，省電力であることである．短所は書換え回数に上限があること，サーバやデータベースの用途では寿命が短いこと，容量あたりの単価が高いことである．書換えが一つの素子に集中しないようにウェアレベリング（wear leveling）という技術が開発されている．

52　3　コンピュータ

```
再生専用DVD
・DVD-ROM
　パソコンやゲーム機データ配布用媒体として定着．データ記録面に読取り用のピットを形成した原盤（スタンパー）を作成し，それをもとにプレスと張り合わせにより量産する

記録型DVD
追記型（ライトワンス：一度だけ書込みが可能）
・DVD-R（DVDフォーラム：正式規格）
　記録方式：レーザ光照射により，記録材料である有機色素の分解を利用する
　日本国内でもっとも普及している
・DVD+R（DVD+RWアライアンス）
　あまり普及していない
```

```
書換え可能型DVD
・DVD-RW（DVDフォーラム）
　DVD ReWritable Disc
　記録方式：レーザ光照射による加熱で，記録材料であるアモルファス金属の結晶化非結晶化を利用（反射率が変化する）
　DVD-ROMと互換性がある
　1000回以上の書換え性能
　映像記録用途にフォーカス
　パイオニアが推進
・DVD-RAM（DVDフォーラム）
　10万回書換え可能．データ記録用．
　パナソニック，東芝，日立が推進
・DVD+RW（DVD+RWアライアンス）
　1000回以上の書換え性能
　ソニー，フィリップス，HPが推進
```

図3.22　DVDの種類と内容

```
USBメモリの特徴　容量　　　　　　　2〜64 GByte
　　　　　　　　　高速データ転送　　半導体IC Memory（フラッシュメモリ）
　　　　　　　　　ランダムアクセス　小型軽量
　　　　　　　　　機構部がない　　　高価格
```

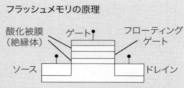

図3.23　USBメモリ

3.5　周辺装置

　本節では，図3.5に示したキーボード，プリンタ，ディスプレイなどのコン

3.5 周辺装置

記憶素子にフラッシュメモリを使用した外部記憶装置（SSD）
　　　容量：64 GByte ～ 512 GByte
　　　読出し速度（最大）：100 MByte/s, 書込み速度（最大）：80 MByte/s

HDDとの比較

メリット
・読出しが速い
・耐衝撃性が高い
・低消費電力，低発熱，低騒音
・故障率が低い
・小型軽量である
・シークエラーが発生しない

デメリット
・書換え可能回数に上限がある
・高価（容量あたりの単価が高い）
・OSによるサポートが不備である
・データ保持時間が有限である

欠点解消のための技術

ウェアレベリング（wear leveling）
書換えが一つの素子に集中しないよう制御することにより，書換え上限回数を向上させる技術

SAMSUNG 製
ノート用 SATA
2.5 インチ SSD
64 GByte

図 3.24　SSD（Solid State Drive）

ピュータ周辺の入出力装置と装置を接続する際の入出力インタフェースについて述べる．

図 3.25 にデータ入力用の機器であるキーボードの説明を示す．文字キー，制御キー，ファンクションキーからなる．文字配列は JIS 規格の QWERTY 配列が標準である．キーを押し下げたときにキーボードの電極が接触し，通電することによりキーに対応した文字コードが出力される．

図 3.26 はプリンタの説明とプリンタの方式を示している．それぞれの機能からプリンタは以下のように分類される．

1．印字方式による分類
　　・インパクトプリンタ：機械的な衝撃をインクリボンの上から与えて印字
　　　　　　　　　　　　する方式
　　・ノンインパクトプリンタ：サーマル（感熱式）プリンタ，インクジェッ
　　　　　　　　　　　　　　トプリンタ，レーザプリンタ

2．印字単位による分類
　　・シリアルプリンタ：1 文字単位で印字する方式
　　・ラインプリンタ：1 行単位で印字する方式

・ページプリンタ：1ページ単位で印字する方式
3．印字色数による分類
　・モノクロプリンタ：黒色インクのみ使用して印刷
　・カラープリンタ：色の3原色である（C：シアン，M：マゼンタ，Y：イエロー）とBK（黒）の4色で印刷

ディスプレイは図3.27に示すようにCRTディスプレイ，液晶ディスプレイが主なものである．そのほかにプラズマディスプレイ，有機ELディスプレイなどがある．詳細は4.5節で述べる．

ディスプレイはプリンタと同様に以下のように分類される．

・文字キー，制御キー，ファンクションキーからなる
・押されたキーに対応したコードを出力する
・疲労を防ぐステップスカルプチャー型が主流

JIS規格のQWERTY配列が標準
昔のタイプライターの標準配列

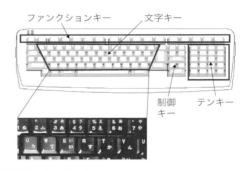

図 3.25　キーボード

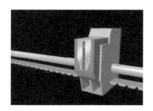

● 文字や画像の出力装置
　・紙などに印刷する
　・主にUSB，IEEE1284で接続

● 方式
　・感熱　←レジ用プリンタ
　・ドットインパクト　←複写式の帳票などにも使われる
　・インクジェット
　・レーザー
　・ラインプリンタ　←昔の大型コンピュータで使われていた

図 3.26　プリンタ

3.5 周辺装置　55

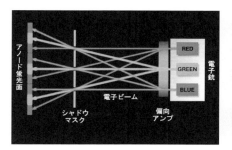
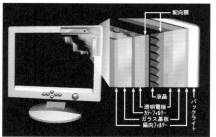

- 文字や画像の出力装置
  - カラー表示や動画表示が可能
- インタフェース
  - VGA，DVI，HDMI で接続

- 方式
  - CRT（Cathode Ray Tube）
  - 液晶（LCD：Liquid Crystal Display）
    - 単純マトリクス方式（STN など）
    - アクティブマトリクス方式（TFT など）

図 3.27　ディスプレイ

1. 情報による分類
   - キャラクタディスプレイ：文字を表示
   - グラフィックディスプレイ：文字，図形を表示
2. 色表現による分類
   - モノクロディスプレイ：単色表示
   - カラーディスプレイ：カラーで表示
3. 構造による分類
   - CRT ディスプレイ：ブラウン管を使用
   - 液晶ディスプレイ：液晶を使用

ディスプレイにおけるフルカラーは以下のように定義される．ディスプレイにおける 1 画素は Red（赤），Green（緑），Blue（青）の 3 原色で構成されている．フルカラーは RGB（赤緑青）それぞれに 8 bit = 256 階調の濃淡を与え，1 画素を 24 bit（3 byte）で表現した場合で $256 \times 256 \times 256 \ (= 2^{24})$ より 16,777,216 色（約 1,677 万色）表現できることを意味している．つまり，フルカラーの色の数は以下に示すとおりである．

$$\underset{\text{赤}}{256\ (2^8)} \times \underset{\text{緑}}{256\ (2^8)} \times \underset{\text{青}}{256\ (2^8)} = 2^{24} \text{色}$$
$$= 16{,}777{,}216 \text{色}$$

コンピュータの内部装置と外部装置を接続する規格が入出力インタフェースであり，図 3.28 に示すように 1 本のケーブルで 1 bit ずつデータを順番に伝送するシリアルインタフェースと 8 bit，16 bit の処理単位で並列（パラレル）に転送するパラレルインタフェースがある．表 3.5 に各種入出力インタフェースの概要を示す．USB はシリアルインタフェース，内蔵ハードディスクのインタフェースは IDE であり，パラレルインタフェースである．

シリアル(RS-232)ケーブル・コネクタ

プリンタケーブル・コネクタ

シリアルインタフェース：1 本の伝送路で 1 bit ずつ直列，つまり順番（シリアル）に転送する方式．構造が単純だが，1 bit ずつしか送信できない．ケーブルが細く，引き回しが容易．
パラレルインタフェース：8 bit，16 bit の処理単位で並列（パラレル）に転送する方式．ケーブルコストがかかり，比較的短距離の接続に向いている．

図 3.28　入出力インタフェース

表 3.5　入出力インタフェース

方式	名称	速度	概　要
シリアル	RS-232C	低	主にモデム用
	USB	低/高	パソコン周辺機器に普及．ハブにより 127 台まで接続可能．
	IEEE1394	高	民生機器用に普及
	IrDA	低	赤外線通信
パラレル	セントロニクス	低	プリンタ用
	IEEE1284	中	双方向パラレル，多機能プリンタ用
	SCSI	高	USB 以前のパソコン周辺機器用
	GP-IB	低	計測機器用
	IDE	高	内蔵 HDD/CD-ROM に使用．ATA（AT Attachment）として規格化

3.6 ソフトウェアとコンピュータ言語

ソフトウェアはコンピュータの動作手順を規定した命令の集まり（コンピュータプログラム）であり，データも含む．コンピュータプログラムはコンピュータに動作命令を与え基本的な動作を提供する OS と OS をもとに応用的な動作を実行するアプリケーションソフトウェアからなる．データは演算などに用いる数値，文字，画像，音声などのディジタル情報である．

OS は，コンピュータの入出力制御，メモリやハードディスクなどのハードウェアの管理，プロセスの管理，プログラムの動作制御といった，コンピュータ全体の基本的な管理・制御を行っている．アプリケーションソフトウェアは，OS が提供する機能を利用して動作する．OS はパソコンだけでなく，サーバやスーパーコンピュータ，PDA，携帯電話端末，スマートフォン，デジタルカメラ，産業用機械や生活家電，情報家電に至るまで，さまざまなコンピュータ機器に搭載されている．

OS の機能は以下のとおりである．
- スループット（単位時間あたりの処理量）の向上
- ターンアラウンドタイム（応答時間）の最短化
- ハードウェア資源を適切に割当て（共通化）し，資源を有効活用
- 信頼性，可動性，保守性，正当性，安全性の向上
- 使いやすさ，応答性，処理能力，汎用性の向上
- ユーザ，プログラマ，オペレータの負担を軽減するような使いやすい環境を提供

OS は図 3.29 に示すように多くの種類がある．スマートフォンでは，iOS，Android が主流である．

ソフトウェアを記述するプログラミング言語には図 3.30 のように機械語，アセンブリ言語のような低級言語，FORTRAN，C，Java などの高級言語がある．一般的なプログラミング作成には論理的な表現に適した高級言語（C，Java）が使用されている．

1）Windows:
　Windows 98, Windows 2000,
　Windows Me, Windows XP, Windows Vista,
　Windows 7, Windows 8, Windows NT,
　Windows CE
2）Mac OS
　8/9/X
3）UNIX
　System V（AIX/Solaris/HP-UX など）
　BSD（Free BSD など）
4）Linux
　Redhat/SUSE/Debian など
5）TRON
6）iOS, Android, Windows mobile

図 3.29　OS（Operating System）の種類

低級言語（低水準言語）
・CPU 内部の命令そのもの
・CPU の構造や動作原理を理解する必要がある
・機械語, アセンブリ言語など

高級言語（高水準言語）
・人間の考えるアルゴリズム（プログラムの論理的な枠組）を表現するのに向いている言語
・コンピュータの動作原理に詳しくなくても使用できる
・一般的なプログラミング言語
　FORTRAN, C, Java など

図 3.30　プログラミング言語の分類

4
ディジタル情報機器

```
┌─────────────────────────────────────────────────┐
│           4.1 ディジタル情報機器の概要              │
│  ┌──────────────────┐  ┌──────────────────────┐ │
│  │ 電卓，電子手帳，PDA │  │ 携帯電話端末，スマートフォン │ │
│  └──────────────────┘  └──────────────────────┘ │
└─────────────────────────────────────────────────┘
┌─────────────────────────────────────────────────┐
│           4.2 携帯電話端末，スマートフォン           │
│  ┌──────────────────┐  ┌──────────────────┐    │
│  │  携帯電話端末の構成 │  │ スマートフォンの特徴 │    │
│  └──────────────────┘  └──────────────────┘    │
└─────────────────────────────────────────────────┘
┌─────────────────────────────────────────────────┐
│          4.3 タブレット端末，ウエアラブル端末        │
│  ┌──────────────────┐  ┌──────────────────┐    │
│  │    タブレット端末   │  │   ウエアラブル端末  │    │
│  └──────────────────┘  └──────────────────┘    │
└─────────────────────────────────────────────────┘
┌─────────────────────────────────────────────────┐
│              4.4 ディジタルカメラ                 │
│  ┌──────┐ ┌──────────────────────┐ ┌──────────┐│
│  │ 構造 │ │ 撮像素子(CCD，CMOS)   │ │メモリカード││
│  └──────┘ └──────────────────────┘ └──────────┘│
└─────────────────────────────────────────────────┘
┌─────────────────────────────────────────────────┐
│              4.5 ディスプレイ機器                 │
│  ┌──────────────┐ ┌──────────┐ ┌────────────┐  │
│  │ 液晶ディスプレイ │ │ 液晶の種類 │ │ 液晶駆動方式 │  │
│  └──────────────┘ └──────────┘ └────────────┘  │
│         ┌────────────────────┐                  │
│         │  プラズマディスプレイ   │                  │
│         └────────────────────┘                  │
└─────────────────────────────────────────────────┘
```

本章の構成

本章では，最初にディジタル情報機器の概要を述べ，次に個人が所有し，いつでも，どこでも，どのような種類の情報にもアクセスできる携帯電話端末の仕組みやスマートフォン，タブレット端末およびウエアラブル端末の概要について記述する．さらに，ディジタル情報機器の代表的な製品であるディジタルカメラ，液晶ディスプレイなどの原理について述べる．前頁に本章の構成を示す．

4.1 ディジタル情報機器の概要

情報のディジタル化の進展にともない，さまざまなディジタル情報機器や個人が所有する携帯端末が開発され，数多く製品化されている．また，インターネットの普及により，これらディジタル情報機器を利用した各種情報通信サービスが登場している．ディジタル技術の進歩はディジタル情報機器の量的拡大と質的向上をもたらしている．ディジタル情報機器は表 4.1 のように分類される．近年では，パソコンおよび携帯電話端末やスマートフォンなどのディジタル携帯端末はネットワークを介してインターネットの常時接続が一般的である．

さらに，ディジタルカメラやディジタルオーディオ機器などのディジタル家電製品および液晶ディスプレイなどのディスプレイ機器もネットワークと接続できる機能を備え，情報化が一層進んでいる．とくに携帯電話端末，スマートフォンは無線通信技術とインターネット技術の融合と製品開発の進展により多くの機能を搭載したものがユーザに受け入れられている．このような状況から，ディジタル情報機器は情報化社会の生活必需品として社会の隅々まで浸透するまでになった．さらには，ウエアラブル端末の登場により，個人の日常のさまざまなデータを収集できるようになり，生活改善などに役立つことが期待される．今後もディジタル情報機器はインターネットの普及とともに技術革新のもっとも進む製品と考えられる．

ディジタル家電製品，ディスプレイ機器以外のディジタル情報機器は図 4.1 のように発展してきた．電卓は 1960 年代にオールトランジスタ化されて以来，半導体技術の進歩にともない基板上に 1 チップの LSI を搭載して部品を大幅

表 4.1 ディジタル情報機器の種類

電卓（電子式卓上計算機）
ワードプロセッサ
パソコン、タブレット端末
電子手帳、PDA
携帯電話端末、スマートフォン、ウエアラブル端末
ディジタル家電製品 ・ディジタルカメラ ・ディジタルオーディオ ・ディジタルビデオ
ディスプレイ機器 ・CRTディスプレイ ・液晶ディスプレイ ・プラズマディスプレイ

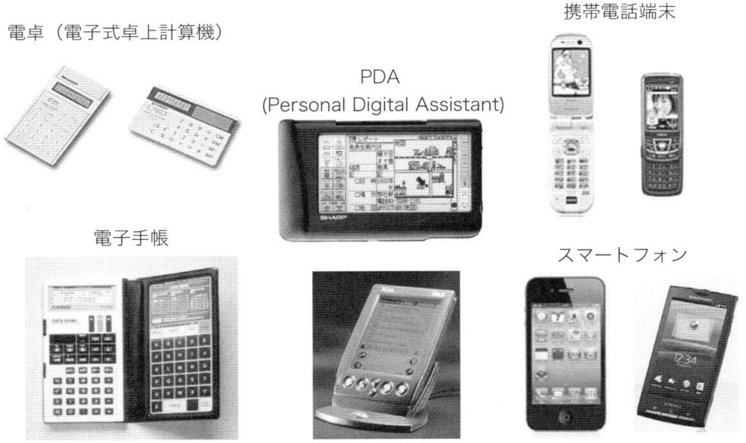

図 4.1 電卓からスマートフォンまでの変遷

に削減することにより小型化，低価格化を実現した．インテル社により開発された 4 ビットのマイクロプロセッサ 4004 は最初に電卓に使用された．電卓の製品化により半導体メモリの高集積化，マイクロプロセッサの高速化が進展し，電子手帳，PDA（Personal Digital Assistant）が製品化された．電子手帳は手帳サイズの電卓に付属するテンキーから入力してアルファベットや数字を記憶させ，電話帳や簡単なメモ帳などとしても使える製品である．PDA は米国アッ

プル社 CEO ジョン・スカリーが提唱した言葉であり，ポケットサイズのコンピュータ（Pocket PC）に電話帳機能やオプションカードにより表計算，データベース機能などをもつ製品である．日本のシャープ製ザウルスなどのモデルには通信機能も装備されるようになり，モジュラージャックが使える ISDN 公衆電話や PHS により，いつでもどこからでも電子メールやファックス送信が行えるようになった．1990 年代中ごろになると，米マイクロソフト社が，Pocket PC 用の Windows CE という携帯端末用 OS を開発した．

　Pocket PC とは別の流れで登場したのが携帯電話端末であり，電話やデータなどの通話・通信機能に重点を置いた端末である．スマートフォンは PDA や Pocket PC の流れを組むものであり，通信速度やタッチパネルによるユーザインタフェースの向上，ユーザが任意のアプリケーションをネットワーク経由でインストールできることが大きな特徴である．近年では，スマートフォンより画面の大きなタブレット端末，身体に身に付けるウエアラブル端末が登場している．携帯電話，スマートフォンについて 4.2 節，タブレット端末，ウエアラブル端末について 4.3 節で述べる．

4.2　携帯電話端末，スマートフォン

(1) 携帯電話端末

　携帯電話端末は開発当初，図 4.2 の左側二つのように現在の端末の約 2 倍～7 倍の重さがあり，片手でもちながら使用するものであったが，その後，折畳み（二つ折り）の方式が採用され，掌に載るぐらい小型化された今日の携帯電話の原型となる端末が開発された．

　携帯電話端末の構成を図 4.3 に示す．携帯電話方式は,第二世代は TDMA（時分割多元接続），第三世代は CDMA（符号分割多元接続）の無線アクセス方式を採用している（6.1 節参照）．無線で伝送するための変調，復調などの処理や多重化などを行う部分がベースバンド信号処理部であり，ベースバンド信号の高周波信号への変換，その逆の処理を行う回路が無線部である．携帯電話端末は，電話帳への記憶，着信メロディの再生，液晶ディスプレイでのカラー画面表示などの処理のために，32 bit の高性能 CPU や大容量のメモリも搭載し

4.2 携帯電話端末，スマートフォン

図 4.2　開発初期の携帯電話端末

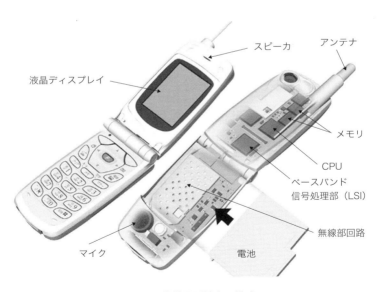

図 4.3　携帯電話端末の構成
(出典：情報機器と情報社会のしくみ素材集 http://www.sugilab.net/jk/joho-kiki/)

ている．図4.4は携帯電話端末の回路構成である．無線部は信号の周波数変換，不要波の除去などを行い，ベースバンド信号処理部は変調，復調および音声，画像の信号処理を行う．制御部は回路全体の通信制御を行い，通信プロトコルおよびアプリケーションの処理を行う．ユーザインタフェース部はマイク，スピーカなどの電話部，画面表示を行う表示部，キー入力を行うためのキー入力部である．図4.5は機能別に構成を表した図である．携帯電話端末では，電子メール，Webアクセス，音楽再生，動画再生などのインターネットを利用したアプリケーションが数多く実装されているので，迅速で確実な通信プロトコル処理，アプリケーション処理が求められている．このためプログラム命令を実行するディジタル信号処理回路（DSP），CPUおよび処理結果を書き込むメモリの役割が非常に重要になっている．携帯電話端末では，図4.6のようにハードウェア部分とソフトウェア部分のアーキテクチャを明らかにして設計が行われている．多様なアプリケーションが搭載されるにつれて，これらを実行処理するための高速なCPU，DSPの搭載とともに通信のプロトコル処理を行うプログラム，画像表示などのミドルウェアに関するソフトウェアの果たす役割が

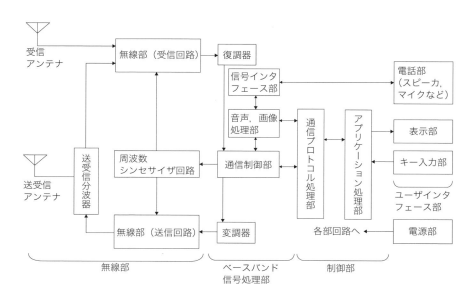

図 4.4 携帯電話端末の回路構成

ますます増大している．

(2) スマートフォン

携帯電話端末は 2000 年代の半ばまでは代表的なディジタル携帯端末であったが，2008 年にアップルが国内で iPhone3G を発売して以降，日本をはじめ世界各国でスマートフォンが急速に普及するようになった．携帯電話端末は従

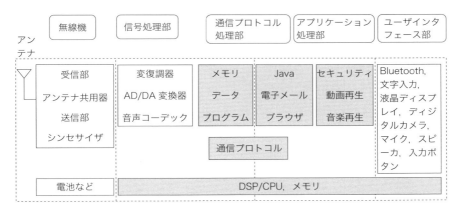

図 4.5　携帯電話端末の機能別構成

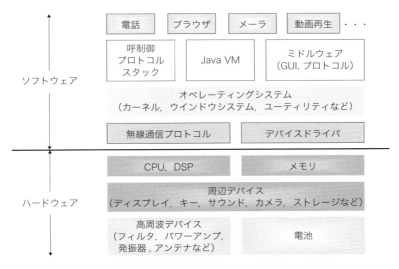

図 4.6　携帯電話端末のアーキテクチャ

来型の高機能携帯電話としてフィーチャーフォンとよばれ，スマートフォンと区別されている．

スマートフォンは 4.1 節で述べた Pocket PC を掌に載せてさまざまな機能を提供する端末であり，データ通信を主にインターネットに高速に接続する．特徴と機能は以下のとおりである．

- ユーザがアプリケーションをインストールして使用環境をカスタマイズできるので，携帯電話よりも多機能，高機能である．
- インターネット接続による Web アクセス機能，ワープロ・表計算，ゲーム，カメラ，音楽再生，電子決済などの豊富な機能を有する．
- タッチパネル方式を採用し，操作性に優れる．

スマートフォンの OS にはアップルの iOS，グーグルの Android，マイクロソフトの Windows Phone 7 などがある．図 4.7 にスマートフォンの例を，図 4.8 にスマートフォンの内部構造を示す．スマートフォンでは携帯電話端末のようにキー入力部分がなく，タッチパネルで入力を行う．画面サイズは 3～5 インチである．スマートフォンなどのディジタル携帯端末は，表 4.2 のようにさまざまなセンサや GPS や近距離通信のための回路を搭載している．これらのセンサを利用して，温度，加速度，歩数，活動量，傾き，照度などさまざまな計測が行われ，ナビゲーション，在室・在庫管理などの多種多様なアプリケーションが開発されている．

4.3 タブレット端末，ウエアラブル端末

(1) タブレット端末

画面サイズが，7～10 インチのものをタブレット端末とよぶ．図 4.9 にタブレット端末の例を示す．タブレット端末では 10 インチ画面になるとノートパソコンのような使用方法となり，鞄などに入れてもち運び，オフィスの内外において文書作成，メールの送受信などを行うのに便利である．ディスプレイ部分を取り外してこれだけをもち運び，必要に応じてキーボード部分とドッキングして机に置いてキーボードから入力する製品もある．画面解像度が非常に高いため写真や映像の表示の点で有利である．OS は iOS, Android が主である．

4.3 タブレット端末，ウエアラブル端末

外観				
メーカー	アップル (iPhone 5s)	サムスン (GALAXY S5)	ソニーモバイル (Xperia A2)	富士通 ARROWS NX
OS	iOS 7.1	Android 4.4	Android 4.4	Android 4.4
大きさ（mm）	124 × 59 × 7.6	142 × 73 × 8.3	128 × 65 × 9.7	140 × 69 × 10.4
重量	112 g	147 g	138 g	159 g
待受時間	250 時間	500 時間	500 時間	860 時間
通話時間	600 分	1020 分	580 分	840 分
電池容量	1560 mAh	2800 mAh	2300 mAh	3200 mAh
画面大きさ	4.0 インチ	5.1 インチ	4.3 インチ	5.0 インチ
解像度	640 × 1136	1080 × 1920	720 × 1280	1080 × 1920
メインカメラ	800 万画素	1600 万画素	2070 万画素	2070 万画素
サブカメラ	120 万画素	210 万画素	220 万画素	130 万画素
CPU	A7 1.3 GHz	MSM8974AC	MSM8974	MSM8974AB
ROM	64 GB	32 GB	16 GB	32 GB
RAM	1 GB	2 GB	2 GB	2 GB

図 4.7　スマートフォンの例

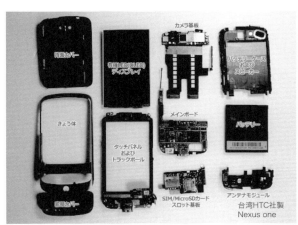

・メインボードなどの電子回路
・液晶パネル
・タッチパネル
・カメラモジュールやスピーカー，マイクなどのメインボード外にある電子デバイス
・アンテナ

図 4.8　スマートフォンの内部構造
（出典：http://itpro.nikkeibp.co.jp/article/COLUMN/20120822/417461/?ST=smartphone）

表 4.2　スマートフォンに搭載されているセンサデバイス
（出典：http://itpro.nikkeibp.co.jp/article/COLUMN/20120822/417464/?ST=smartphone&P=1）

分類	センサー名	測定対象
単機能センサ	照度センサ	周囲の明るさ
	近接センサ	液晶面が覆われているかどうか
	加速度（重力）センサ	デバイスの動き，姿勢
	磁気センサ	デバイスの向き（方位）
	温度センサ	気温
	圧力センサ	気圧
	電圧センサ	バッテリー電圧（充電状態）など
センサのように使えるデバイス	GPS	デバイスの位置（緯度，経度）
	カメラ	画像（顔やバーコード認識など）
	NFC	タグ検出
	無線 LAN 回路	アクセスポイントによる位置の検出
	Bluetooth 回路	無線によるデバイスの接続

外観				
メーカー	Google (Nexus 7)	Apple (iPad Air)	ソニー（Xperia Z2 Tablet）	マイクロソフト (Surface Pro 3)
OS	Android 4.3	iOS 7	Android 4.4	Windows 8.1 Pro
画面サイズ	7 インチ	9.7 インチ	10.1 インチ	12 インチ
解像度	1920 × 1200	2048 × 1536	1920 × 1200	2160 × 1440
CPU	4 コア 1.5 GHz	Apple A7	4 コア 2.3 GHz	第 4 世代 Core i
メモリ	2 GB	1 GB	3 GB	4/8 GB
ストレージ	16/32 GB	16/32/64/128 GB	16/32 GB	128/256/512 GB
重量	約 290 g	約 469 g	約 426 g	約 800 g
厚さ	8.65 mm	7.5 mm	約 6.7 mm	9.1 mm
電池容量	3950 mAh	32.4 Wh	—	42 Wh
動作時間	約 9 時間	約 10 時間	約 13 時間	約 9 時間
リアカメラ	500 万画素	500 万画素	810 万画素	500 万画素
フロントカメラ	120 万画素	120 万画素	220 万画素	500 万画素
USB	microUSB	なし	microUSB	USB

図 4.9　タブレット端末の例

タブレット端末は画面サイズが大きく，解像度が高いことから学校などでは生徒一人一人に各1台貸与し，この端末を使用して授業で情報を検索したり，生物の生態を画像や映像により観察するなど教育機関の電子教材の一つとして利用されるようになっている．

(2) ウエアラブル端末

スマートフォンの次世代の端末として利用が期待されているディジタル情報端末がウエアラブル端末である．人間の身体に装着する（身に付ける）ということからウエアラブルとよばれており，図4.10の使用イメージにあるように医療での患者などのデータベースへのアクセスやビジネスにおける迅速なインターネットアクセスなどに使用されることが想定される．ウエアラブル端末から直接，携帯電話回線に接続するのではなく，Bluetoothでスマートフォンへデータを伝送し，スマートフォン経由でインターネットに接続する方式となる．両手がフリーになるので，端末の操作以外のことに集中することができる．図4.11にウエアラブル端末の例を示す．リストバンド型，腕時計型，メガネ型の種類が代表的である．メガネ型端末を着用して航空機の機体整備を行う例では，マニュアルを手元に用意しなくても端末画面の表示を見ながら迅速に機体の点検・整備を行うことができる．

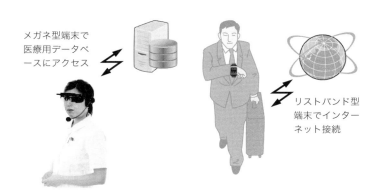

図4.10　ウエアラブル端末の使用イメージ

リストバンド型　　　　腕時計型

メガネ型　　　メガネ型の着用による機体整備

図 4.11　ウエアラブル端末の例

4.4　ディジタルカメラ

(1) ディジタルカメラの構造

　ディジタルカメラの仕組みを図 4.12 に示す．ディジタルカメラでは，フィルムの代わりに CCD（Charge Coupled Device：電荷結合素子）撮像素子とよぶ素子によって画像を撮影する．撮影した画像情報をディジタルデータに変換し，フラッシュメモリなどの記憶媒体に記憶する．また，メモリーカードに記憶させることによりメモリカードからパソコンに画像データを取り込むことができる．

　ディジタルカメラの仕組みは図 4.13 のようになる．光学レンズを介して被写体の像を投影し，その像を CCD などのイメージセンサにアナログ電気信号として入力する．これを CCD ドライバでディジタル信号に変換し，DRAM に記録する．

(2) CCD 撮像素子と CMOS 撮像素子

　具体的な CCD の機能は以下のとおりである．図 4.14 に示すように CCD 撮像素子の受光部の表面には，小さな受光素子（フォトダイオード）が数百万個以上並んでいる．それぞれの受光素子は，上から入射された光の強さに応じて電荷（電気量）を発生して蓄える（光電変換）．受光部の横には，電極が規則的に並べられた転送部があり，ここに特別な信号を入力すると，全受光素子が蓄えている電荷が順番に隣の電極に移動して電荷を外部に出力する．CCD の

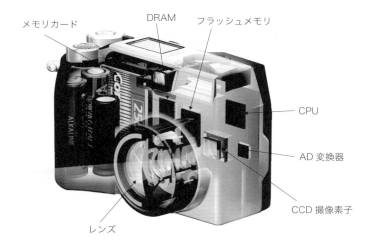

図 4.12　ディジタルカメラの構造
(出典：情報機器と情報社会のしくみ素材集 http://www.sugilab.net/jk/joho-kiki/)

転送部から外部に出力されたアナログ信号（電荷量）は，CCD ドライバで AD（アナログ/ディジタル）変換され，ディジタルデータに変換される．R（赤），G（緑），B（青）を受けもつフォトダイオードに貯められた電荷は，それぞれ 8 bit ずつのディジタルデータに変換されて，合計 24 bit で一つの画素を表す（3.5 節を参照）．すべてのフォトダイオードに蓄積された電荷を取り出し，計算することで画像データが得られる．

現在は，CCD より低電圧回路で構成できるため消費電力が小さく，読み出し速度が高速な CMOS（Complementary Metal Oxide Semiconductor：相補型 MOS）撮像素子がディジタルカメラ，スマートフォンで主に使用されている．一つ一つの画素に ON/OFF スイッチ回路を組み込むことで蓄積された電荷をその場で電圧に変換するので処理速度が速い．図 4.15 に CCD 撮像素子と CMOS 撮像素子の仕組みを比較して示す．

図 4.13 の CPU は記録した画像データを処理するためにフラッシュメモリに書き込まれているプログラムを呼び出し，色調補正などの画像処理を行う．さらに画像圧縮を行ってデータ量を減らしてから処理データをメモリカードに書き込む．

4 ディジタル情報機器

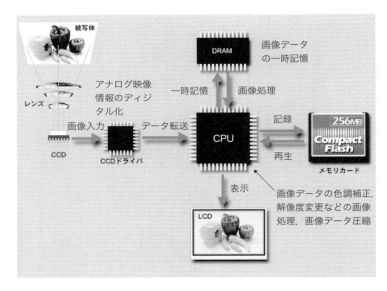

図 4.13　ディジタルカメラの仕組み
(出典：情報機器と情報社会のしくみ素材集 http://www.sugilab.net/jk/joho-kiki/)

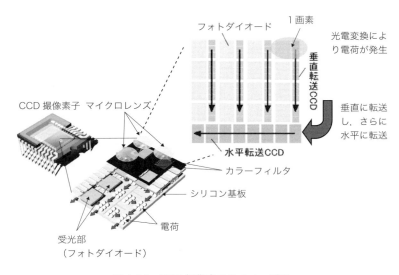

図 4.14　CCD 撮像素子のイメージ図

4.5 ディスプレイ機器

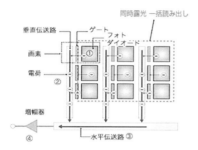
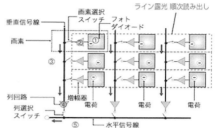

CCD 撮像素子
消費電力が大きく，読出し高速化に限界

CMOS 撮像素子
低電圧電源で構成するので，消費電力が小さく，読出し高速化が容易

① 画素内のフォトダイオード（受光部）で光を受光し，電荷に変換して蓄積する．
② すべての受光部に蓄積された電荷は，同時に垂直伝送路（垂直CCDレジスター）に転送される（全画素同時露光 一括読み出し）．
③ 垂直伝送路を経由した電荷は，水平伝送路（水平CCDレジスター）に転送される．
④ 水平伝送路から転送されてきた電荷は，最後の増幅器で電荷から電圧に変換，増幅されてカメラ信号処理に送られる．

① 画素内のフォトダイオード（受光部）で光を受光し，電荷に変換して蓄積する．
② 蓄積された電荷は，画素内にある増幅器によって電圧に変換，増幅される．
③ 増幅された電圧は，画素選択スイッチのON/OFFにより，ラインごと（行ごと）に垂直信号線に転送される（ライン露光 順次読み出し）．
④ 垂直信号線ごとに配置されている列回路（CDS回路）により，画素間にばらつきのあるノイズを除去し，一時的に保管する．
⑤ 保管された電圧は，列選択スイッチのON/OFFにより水平信号線に送られる．

図 4.15 CCD 撮像素子と CMOS 撮像素子の仕組み
（出典：http://www.sony.co.jp/Products/SC-HP/tech/isensor/cmos/）

(3) メモリカード

メモリカードは図 4.16 のように各種のカード型の補助記憶媒体である．電源を切ってもデータが消去されない不揮発性の半導体メモリであり，書換えが可能である．近年は図 4.17 に示す SD メモリカードが手軽に記録できる媒体としてディジタルカメラ，携帯電話，スマートフォンなどに使用されている．microSD メモリカードは携帯電話などに使用されるが，アダプターを使用して SD メモリカードを使用する機器にも使用することができる．

4.5 ディスプレイ機器

ディスプレイ用機器の種類として主なものは液晶ディスプレイ，プラズマ

・コンパクトフラッシュ（Compact Flash）

大きさ
42.8×36.4×3.3mm

・スマートメディア（Smart Media）

大きさ
45×37×0.76mm

・SDメモリカード　　　　　　　・マルチメディアカード

　大きさ　　　　大きさ
32×24×2.1mm　　　　　　　　32×24×1.4mm

・メモリスティック

　大きさ
21.5×50×2.8mm

図4.16　メモリカード

 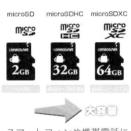

大容量化・高速化に向いた　　　スマートフォンや携帯電話に
メモリカード　　　　　　　　　向いたメモリカード

図4.17　SDメモリカード

（出典：http://www.coneco.net/hand/camera/sdcard.html）

ディスプレイ（Plasma Display Panel），EL（Electro Luminescence：エレクトロルミネッセンス）などがある．表示のきめ細かさ，フルカラー表示の性能では，液晶ディスプレイ，プラズマディスプレイが優れている．最近ではテレビなどの高画質用ディスプレイ機器には表示能力の高い液晶ディスプレイがよく用いられている．以下，液晶ディスプレイ，プラズマディスプレイ，有機

ELの特徴，原理などについて述べる．

(1) 液晶ディスプレイ

　液晶ディスプレイの構造を図4.18に示す．液晶ディスプレイは，平面型の表示装置である液晶パネル，その後に密着して位置するバックライトユニット，インタフェース回路，バックライトユニットの冷陰極管を点灯させるための高電圧を生み出す昇圧回路などで構成される．図4.19は液晶パネルの断面構造である．液晶パネルは，2枚の薄いガラス板で液晶をはさんだ構造をしている．ガラス板の表面には，液晶分子を特殊な形にねじれさせるための配向膜，液晶層に電圧をかけて液晶分子の向きを制御するための透明電極，カラー表示を可能にするカラーフィルタなどが形成されている．また，液晶パネルの裏と表には，偏光板が貼り付けられている．カラーフィルタを通して鮮明な画像を得るために，背後からバックライトを照射する．

　液晶ディスプレイの原理を図4.20に示す．液晶ディスプレイは，一定方向に溝を刻んだ板に液晶分子を接触させると分子は溝に沿って並び，光は分子の並ぶ隙間に沿って進む性質を利用している．液晶に光を通すと，分子の並ぶ隙

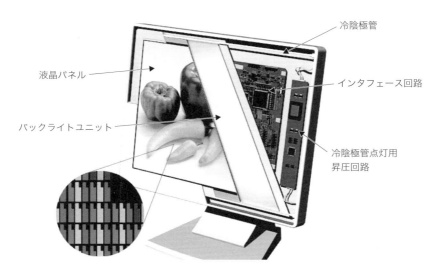

図4.18　液晶ディスプレイの構造
（出典：情報機器と情報社会のしくみ素材集 http://www.sugilab.net/jk/joho-kiki/）

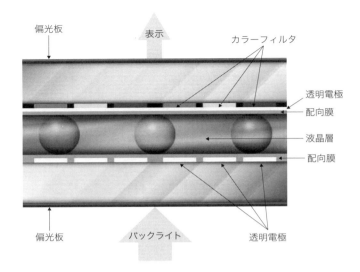

図 4.19　液晶パネルの断面構造
（出典：情報機器と情報社会のしくみ素材集 http://www.sugilab.net/jk/joho-kiki/）

間に沿って，光が通るので分子の配列が 90 度ねじれている場合には，光も 90 度ねじれて通っていく．2 枚の偏光フィルタを組み合わせて，ねじれた状態の液晶をはさみ，これに電圧をかける制御を行うと液晶ディスプレイになる．電圧をかけない場合，たとえば，偏光方向を直交させた 2 枚の偏光フィルタの間に，ねじれた液晶をはさむと，上から入った光は 90 度ねじれるので，下のフィルタを通過して光が通る．電圧をかけると分子は垂直方向に並び方を変えて並び，光は分子の並びに沿って直進する．したがって，配列のねじれ状態がなくなるので，光はフィルタを通過できなくなり通過が遮断される．

　液晶の主な種類を表 4.3 に示す．当初の液晶はモノクロ（白黒）の TN 液晶であったが，カラー化の需要にともない，TSTN 液晶が用いられている．液晶ディスプレイに配置した電極に電圧をかけて駆動する代表的な方式としては図 4.21 に示すように単純マトリックス方式とアクティブマトリックス方式の二つがある．単純マトリックス方式は，電卓，ワープロ，パソコンなど，主に静止画用に幅広く使用されている．アクティブマトリックス方式は，テレビなどの高い画質と速い応答速度が要求される動画の表示に使われている．

4.5 ディスプレイ機器　　77

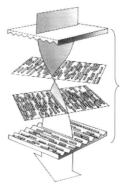

ねじれた液晶面を通ると光もねじれる．光は分子の並ぶ隙間に沿って進む．

光の通過
偏光方向を直交させた2枚の偏光フィルタの間に，ねじれた液晶をはさむと，上から入った光は90度ねじれるので，下のフィルタを通過できる（光が通る）．

光の遮断
電圧をかけると，液晶分子が直立してねじれが取れ，真っ直ぐ進むので下のフィルタを通過できない（光を遮断，黒くなる）．

図4.20　液晶ディスプレイの原理

表4.3　液晶の主な種類

	TN（Twisted Nematic）	STN（Super Twisted Nematic）	TSTN（Triple Super Twisted Nematic）
構造	ネマティック液晶を90度ツイストしたもの	ネマティック液晶を260度程度ツイストしたもの（ねじれの向きは逆まわり）	DSTNの補償セルをプラスチックフィルムに置き換えたもの
色調	白／黒	黄緑／濃紺	白／黒，マルチカラー
特徴	・低消費電力 ・薄型，軽量 ・安価	・大容量表示 ・薄型，軽量 ・低消費電力 ・ハイコントラスト	・大容量表示 ・薄型，軽量 ・低消費電力 ・カラー表示 ・ハイコントラスト
主な用途	電卓，電子手帳など	ワープロ（モノクロ）など	ワープロ，ラップトップパソコンなど

　駆動の原理は単純マトリックス方式の場合，電流を導く「導線」を格子上にはりめぐらせ，縦横それぞれのタイミングをあわせて電気信号を送ると，縦横

単純マトリックス方式（STN，DSTN 方式）
電流を導く「導線」を格子上にはりめぐらせ，縦横それぞれのタイミングをあわせて電気信号を送ると，縦横の交差する場所の画素が点灯する．縦横の導線の組合せで，目的とする複数の画素を同時に点灯できる．
（例）DSTN 液 晶（Dual Scan Super Twisted Nematic Liquid Crystal）
STN 液晶パネルを上下に 2 分割し，上下それぞれ同時に制御する液晶ディスプレイ．コントラストが向上．

アクティブマトリックス方式（TFT 方式）
単純マトリックス方式の構造に加えて，画素の一つ一つに「アクティブ素子」（トランジスタ）を付けて目的の画素を確実に ON ／ OFF できるようにしたもの．
TFT（Thin Film Transistor）液晶は代表例であり，ノートパソコンのディスプレイの主流になっている．

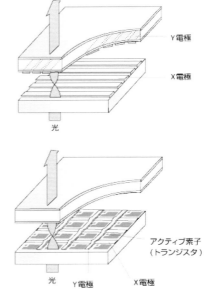

図 4.21　液晶の駆動方式の比較
（出典：http://www.sharp.co.jp/products/lcd/tech/s2_4_3.html）

の交差する場所の画素が点灯する．縦横の導線の組合せで目的とする複数の画素を同時に点灯できる．アクティブマトリックス方式は，単純マトリックス方式の構造に加えて，画素の一つ一つに「アクティブ素子（トランジスタ回路）」を付加したものである．アクティブ素子により目的の画素を確実に点灯させたり消したりすることができる．

(2) プラズマディスプレイと有機 EL

　プラズマディスプレイの原理は図 4.22 に示すとおりである．まず，電極相互間に電圧を加えることにより放電（面放電）が起こり，紫外線が発生する．この紫外線が反対側の赤・青・緑に塗られた各蛍光体に照射されると蛍光体が発光するので，この 3 色（赤・緑・青）を調整して表示を行う．
　プラズマディスプレイの画質と液晶ディスプレイの画質を比較すると，液晶ディスプレイが静止画などの安定した画像表示に適しているのに対し，プラズマディスプレイは必要な箇所を必要な分だけ光らせることができるため，明暗

のはっきりしたダイナミックな表示が可能である．また，放電現象なので高速な表示が可能であり，テレビなどの動画表示に適している．

有機 EL は電圧をかけると発光する有機物を使用する．低電圧で駆動でき，高密度化が可能である．有機物の自己発光を利用するためバックライトが不要であるので，消費電力が少ない．

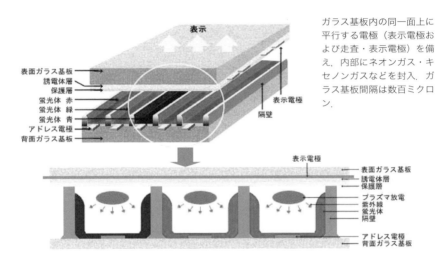

図 4.22　プラズマディスプレイの原理

5
コンピュータネットワークとインターネット

```
5.1 ネットワークと交換方式
  [ネットワークの種類] [回線交換, パケット交換]

5.2 コンピュータネットワーク
  [データの処理形態] [パケット信号の構成]

5.3 通信プロトコルと OSI 参照モデル
  [プロトコル] [プロトコルの階層化] [OSI 参照モデル]

5.4 インターネットとプロトコル
  [インターネット] [TCP/IP プロトコル] [TCP/IP の機能]

5.5 インターネットの利用
  [DNS] [電子メール] [HTTP] [FTP] [DHCP]
  [ストリーミング] [情報配信]
```

本章の構成

5.1 ネットワークと交換方式

本章では，まず，ネットワークの種類と交換方式について述べ，コンピュータネットワークのデータ処理形態とパケット信号の構成について解説する．次に，コンピュータネットワークのプロトコルおよび OSI 参照モデルについて述べる．さらに，インターネットの基本的な仕組みと TCP/IP プロトコルについて記述する．IP アドレスの役割と IP，TCP および UDP の各プロトコルの働きについて説明する．最後に，インターネットの利用において重要な DNS，電子メール，WWW，ファイル転送やストリーミング，情報配信などの仕組みについて述べる．前頁に本章の構成を示す．

5.1 ネットワークと交換方式

情報通信においてコンピュータ間を接続するコンピュータネットワークには図 5.1 に示す種類がある．LAN（Local Area Network）は企業のオフィスや学校や公共機関の構内などの限られた範囲で構築されるネットワークであり，LAN 同士を相互に接続したネットワークが日本国内の WAN（Wide Area Network）である．WAN はインターネットともよばれ日本から世界中のコンピュータとつながっている．異なる LAN 同士はルータという機器で接続されている．

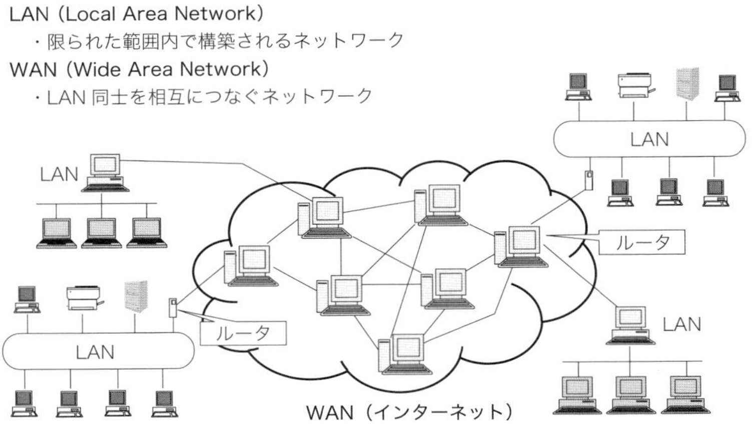

LAN（Local Area Network）
・限られた範囲内で構築されるネットワーク
WAN（Wide Area Network）
・LAN 同士を相互につなぐネットワーク

図 5.1 ネットワークの種類

情報通信のネットワークは中継，交換という機能を有する．中継機能は長距離の信号伝送において減衰した信号の増幅や信号波形のひずみを補正し，正しい情報として再び送出することである．交換は相手先の電話機やコンピュータに情報を送り届ける接続処理である．交換方式には図5.2のように回線交換とパケット交換がある．回線交換は電話やテレビ会議などリアルタイム性が要求されるサービスに用いられ，通信中に回線を占有する方式である．通信中は回線を占有しているので，この回線を利用してほかの端末による通信はできない．通信速度は一定で品質が安定していることが特徴である．

パケット交換ではデータはパケットとよぶ容量の小さなデータの塊に分割されて送信される．パケット交換では，一つの回線を複数の端末で時間スロットごとに共有する．メールなどのように情報量が少なく，連続して通信を行わない場合に適している．回線使用効率に優れるが，利用する端末数が増加すると通信速度が低下し，交換機でのパケットの処理時間が増えるため，リアルタイム性が損なわれるという特徴がある．

図 5.2　交換方式の種類

5.2 コンピュータネットワーク

コンピュータネットワークでの情報処理の形態を図 5.3, 5.4 に示す．図 5.3 は集中処理の処理形態である．1980 年代以前のコンピュータネットワークでは集中処理により情報が処理されていた．集中処理は 1 台の大型汎用コンピュータを企業のオフィスの部屋に配置し，複数の専用端末から処理要求を汎用コンピュータに送り，汎用コンピュータで処理を集中的に行って，処理結果を時間分割で各専用端末に送るという方式である．図 5.4 に示す分散処理は 1980 年代以降にパソコンなどの小型コンピュータが登場して普及するようになった処理形態である．情報処理をパソコンやワークステーションに分散し，コンピュータの負荷を低減している．LAN が普及するようになってクライアントサーバ型の処理形態が一般的となった．これはさまざまなサービス要求に対応する奉仕側のサーバ（データベース，印刷，メールなどの各処理用サーバ）を配置し，それらを利用する顧客側のクライアント（ユーザのパソコン）からのさまざまなサービスの要求に迅速に対応できるようにしたものである．

企業などの LAN においては，図 5.4 に示すように印刷を行うプリンタサーバ，電子メールの送受信を実行・管理するメールサーバ，データベースのサービスを実現するデータベースサーバなどがあり，クライアントである各パソコンがこれらのサーバに処理を依頼してサービスの提供を受ける．集中処理のネットワーク間同士では十分な相互接続ができなかったが，5.3 節で記述する通信プロトコルの採用によりクライアントサーバ型の LAN では LAN 同士の円滑な通信が可能となり，インターネットの普及へとつながった．

パケット交換での情報（データの集まり）はパケット信号の形式で送られる．データは図 5.5 のように情報の荷物をデータの小包に分割される．データ小包には宛先を示すラベルが貼付される．実際のパケット信号は送りたいデータの先頭部にヘッダが付与される．ヘッダ部は小包のラベルに相当するものであり，パケットの発着情報を示す宛先アドレスと送信元アドレス，パケット処理に関する要求内容（コマンド）と応答内容（レスポンス）などを記したものである．データ部は相手と授受したい情報（コンテンツ）である．

集中処理：大型の汎用コンピュータなどに専用端末を接続し，それぞれの端末より入力されたデータを汎用コンピュータにより処理する方式

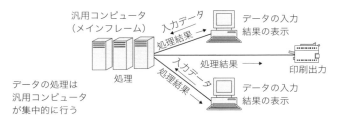

図 5.3　集中処理

分散処理：小型ワークステーションやパソコンに処理を分散させること．コンピュータの負荷が減り，ユーザのさまざまな処理が可能．LAN では，クライアントサーバ型処理が採用されている．

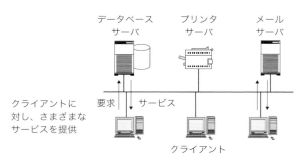

図 5.4　分散処理

5.3　通信プロトコルと OSI 参照モデル

　コンピュータネットワークにおいてコンピュータ同士が通信するためには，人間同士の会話において言葉の定義や順序が決められた上で意思疎通が行われているのと同様に，約束事が必要である．このコンピュータ間の通信に関する規約を，通信プロトコルまたは単にプロトコルという．プロトコルは図 5.6 に示すように，通信するための情報（パケット）の構造と情報の送受信の手順を定めている．パケットの構造はメッセージのどの位置にどのような情報を設定

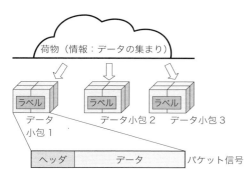

ヘッダ：小包のラベル（住所）に相当
　　　　宛先アドレス，送信元アドレス，
　　　　要求内容（コマンド），
　　　　応答内容（結果）など
データ：送りたい情報

図 5.5　データのパケット信号

するかを決めたものであり，情報の送受信の手順はどのようなメッセージをどういう順序で送信し，また受信したメッセージに対する動作を決めたものである．各コンピュータが同一のプロトコルを使用することにより，異なるメーカの機器同士でも問題なく情報をやりとりすることが可能となる．

(1) プロトコルの階層化

プロトコルでは機能的に独立したモジュールの考え方を適用し，汎用性・拡張性・発展性をもたせることを狙いとして階層化が行われている．階層化して独立性をもたせた構造とすることにより，ある層のプロトコルを変更してもほかの層のプロトコルへの影響がないため，新しい技術を容易に導入できる．層はレイヤともよぶ．プロトコルの階層化の例として図 5.7 のように電話での会話の 2 階層プロトコルの場合について簡単に説明する．電話での会話は電気

パケットの構造：パケットの構成，データの形式
通信手順：情報のやりとりの手順

図 5.6　通信におけるプロトコル

信号プロトコルと言語プロトコルの2階層からなる．言語プロトコルとして日本語，英語などいずれの言語を用いようとも，電気信号プロトコルを変更する必要はなく共通的に利用できる．一方，電気信号プロトコルは，言語プロトコルとは独立なので，たとえば有線のアナログ回線からディジタル回線の技術へ変更しても会話することができる．

階層化では最下位層をレイヤ1として物理的・電気的なプロトコルを，また最上位層でアプリケーションのプロトコルを定める．プロトコルの階層化に際しては次のことが必要である．

1) ある層の機能や動作が他層と独立となること．技術進歩にともなうある層の入れ替えを容易にするためである．
2) ある層の機能と他層の機能の間に重複がないこと．機能の重複は無駄を生じる．
3) 層間のやりとりを少なくすること．層間のやりとりのことをインタフェースとよぶが，インタフェースが少ないほど，層のモジュールの設計・試験および入れ替えが容易となる．
4) 少ないプロトコルとすること．プロトコルの数が少ない方が，設計製造の容易化と保守運用費の削減をもたらす．

以上のようにプロトコルを階層化しインタフェースを定めて，情報通信システムの全体構造を論理的に体系化したものをネットワークアーキテクチャとよぶ．

プロトコルの階層化にともない，転送単位であるパケット信号は図5.8に示すようにロシアのマトリョシーカのような入れ子構造をとることになる．図

図5.7　電話での2階層プロトコル

5.8 の下位層（n 層）は上位層（$n+1$ 層）のパケット信号をデータとして扱い，下位層（n 層）のヘッダを付加して下位層（n 層）のパケット信号とする．これをカプセル化という．

(2) OSI 参照モデル

プロトコルの階層化に際しては，層の数と各層にもたせるべき機能を明らかにする必要がある．このため国際標準化機構（ISO）が 1983 年に制定したプロトコルの階層とその機能に関する標準が，開放型システム間相互接続基本参照モデル（OSI：Open Systems Interconnection Basic Reference Model）であり，通称「OSI 参照モデル」とよばれる．OSI 参照モデルはネットワークアーキテクチャの標準を規定したものである．OSI 参照モデルはプロトコルそのものを規定したものではなく，個別のプロトコルを決める際の全体的な枠組みを示している．今日では，国際的な標準化機関やフォーラム，コンソーシアムでプロトコルを検討する場合の土台の役割を果たしている．

OSI 参照モデルは図 5.9 のように 7 階層（7 レイヤ）から構成される．同一層間の規定をプロトコル，階層間の規定をインタフェースとよぶ．OSI 参照モデルでは，エンドのコンピュータ（エンドシステム）と中継を行うコンピュータ（中継システム）の 2 種類があり，中継システムは下位の 3 階層のみの機能を有する．各層の名称と機能概要を上位層から順に以下に述べる．

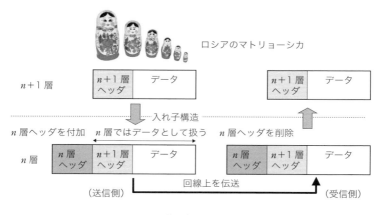

図 5.8　階層化とカプセル化

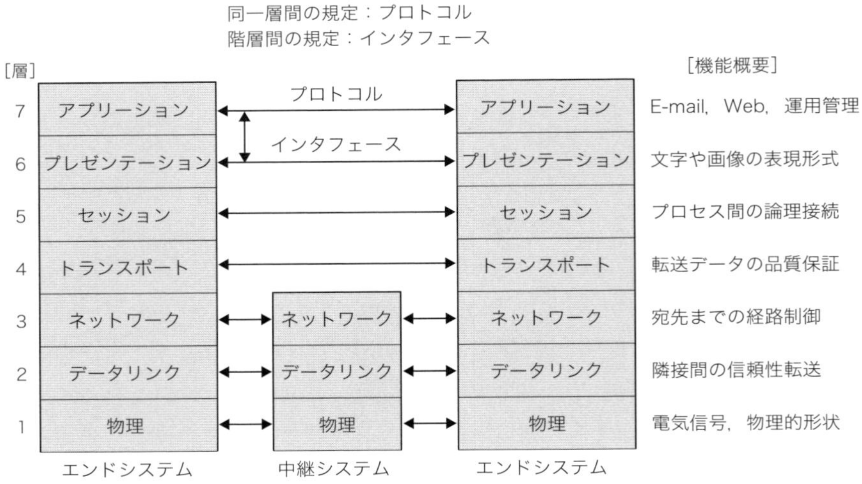

88　5　コンピュータネットワークとインターネット

```
                    同一層間の規定：プロトコル
                    階層間の規定：インタフェース
[層]                                                            [機能概要]
 7  アプリーション    ←プロトコル→   アプリーション      E-mail，Web，運用管理
 6  プレゼンテーション ←インタフェース→ プレゼンテーション   文字や画像の表現形式
 5  セッション      ←―――――――→ セッション        プロセス間の論理接続
 4  トランスポート   ←―――――――→ トランスポート     転送データの品質保証
 3  ネットワーク   ←→ ネットワーク ←→ ネットワーク      宛先までの経路制御
 2  データリンク   ←→ データリンク ←→ データリンク      隣接間の信頼性転送
 1  物理         ←→ 物理       ←→ 物理            電気信号，物理的形状
    エンドシステム    中継システム     エンドシステム
```

図 5.9　OSI 参照モデル（7 階層）

a．アプリケーション層（レイヤ 7）

　利用者が使用するアプリケーション（処理プロセス）に対して，アプリケーションに応じた特定の通信サービス機能を提供する．たとえば，電子メールのアプリケーションでは電子メールプロトコルの機能を，またファイル転送のアプリケーションではファイル転送プロトコルの機能を本層で実現する．処理プロセス（単にプロセスともいう）とは，ある利用者のために動作中であるアプリケーションのプログラムのことを指す．

b．プレゼンテーション層（レイヤ 6）

　プロセス間で通信する情報について，その表現形式に関する制御機能を実現する．たとえば，情報を表現する文字コードには JIS，シフト JIS，EUC などがあり，送信側と受信側で異なる場合に文字コードの変換を行う．また，重要情報の機密保持のために情報を暗号化し，受信側で復号を行う．このように情報の意味や内容を変えることなく，表現形式の変換を行うものである．

c．セッション層（レイヤ 5）

　エンドのアプリケーションの処理プロセスが，相手との通信を開始してから終了するまでの論理的に意味ある接続状態をセッションという．セッションで

は通信相手との情報のやりとりを会話とみなして，交互に情報を送信する半二重，双方が同時に情報を送信する全二重，一方向のみに情報の送信を行う片方向の3種類の通信モードがある（6章）．

d. トランスポート層（レイヤ4）

　エンド装置間でパケットが正しく転送される機能を実現する．このためにパケット紛失の検出と再送，受信したパケットの順序を正しく並べ替える制御を行う．この層は使用するネットワークの品質に依存しない通信サービスを上位層に提供する役割を有しており，エンド装置のパケットの転送を実現するに際して下位層の不足を補う．代表的なプロトコル例は，インターネットのTCP（Transmission Control Protocol）である．

e. ネットワーク層（レイヤ3）

　二つの装置が直接接続されず中継装置（インターネットではルータという）を介して通信を行うために，宛先アドレスに従って宛先までの経路の選択を行い，パケットを宛先へ届ける機能を実現する．代表的なプロトコル例は，インターネットの中核的なプロトコルであるインターネットプロトコル（IP：Internet Protocol）やパケット交換網で使用されるX.25である．

f. データリンク層（レイヤ2）

　回線で直接に接続された二つの装置（コンピュータ）間で，データを紛失することなく正しく転送する機能を実現する．通信回線では，ノイズにより伝送するビット情報が相手に正しく届かないことがある．このためデータリンク層は，伝送するビット列をフレームとよぶ単位で扱い，フレーム単位でビット情報の誤り検出と再送，順序を整えるといった制御を行う．代表的なプロトコル例は，LANで利用されるイーサネットである．

g. 物理層（レイヤ1）

　電気的,物理的な仕様を定める．情報は通信回線上ではビット列で伝送され，このために有線（銅線ケーブルや光ファイバケーブル）や無線（携帯電話やPHS，無線LAN）を利用する．ビット情報をこれらの回線で送るためには，回線特性に合せて電気信号や光信号への変換，送受信のタイミング調整が必要である．また，ケーブルのコネクタの形状，大きさ，ピン数，出力の電圧などについて決める必要がある．このような取り決めにより，異なるメーカの装置

でも問題なく相互に接続できる．

5.4 インターネットとプロトコル

(1) インターネット

　インターネット (the Internet) とは，地球全体を覆う世界的規模のコンピュータネットワークである．人類のインフラストラクチャであり，組織や個人の社会・経済活動を運営・維持し，発展させるための神経の役割を果たしていることはいうまでもない．インターネットの特徴は図 5.10 に示すように三つある．

　第一に，ネットワークのネットワークということである．インターネットのインター（inter）とは，接頭語で「相互に」という意味であり，したがってインターネットとはネットワークが相互接続された集合体としてのネットワークである．重要なことは，個々のネットワークは独立に管理されていることである．ここでいう個々のネットワークとは，企業などの LAN や ISP（Internet Service Provider）とよばれるインターネット接続サービスを提供する事業者のネットワークのことである．

　第二に，TCP/IP という共通のプロトコルを各ネットワークが利用するということである．共通プロトコルの利用により，ネットワーク間の相互接続が可能となる．TCP/IP のプログラムは，コンピュータの基本ソフトウェア（OS）の代表的存在である UNIX に標準で組み込まれたため，TCP/IP の普及を大幅に促進した．

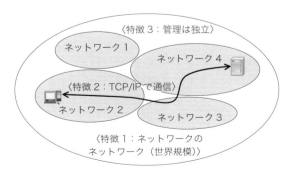

図 5.10　インターネットとは

第三に，インターネットそのものを運営管理する管理者や団体は，存在しないということである．各ネットワークは独立に管理されている．インターネットに必要なプロトコルの制定機関 IETF (Internet Engineering Task Force) やアドレスなどの割付機関 ICANN (Internet Corporation for Assigned Names and Numbers) はあるが，インターネットの管理運営は行っていない．これらの特徴によりインターネットは全世界への普及を可能にした．

インターネットを構成する主要機器は図 5.11 に示すようにルータとハブである．パソコン A とパソコン B はそれぞれ LAN1 のハブとルータ，LAN2 のハブとルータを経由して接続される．ルータはレイヤ 3 である IP の機能を実行するインターネットの中核機器であり，受信したパケットの宛先に従って適切な経路を選択して中継する制御を行う（これをルーティングとよぶ）．ルータは LAN 内に必ず一つは存在する．図 5.11 では，LAN1 と LAN2 を接続する役目を有し，ネットワークの相互接続を実現する．一方，ハブは LAN 内で各種のコンピュータ機器をスター形式で接続する集線装置であり，レイヤ 1 またはレイヤ 2 の機能を実行する．

インターネットへコンピュータ機器を接続する方法はさまざまである．企業や大学では LAN を構築してコンピュータを接続することにより，インターネットの各種サービスを利用することができる．一方，個人や SOHO (Small Office Home Office) では，常時接続可能な ADSL，FTTH，CATV の高速回線に接続して ISP の提供するインターネットサービスを利用することができる．また，無線 LAN や携帯電話，スマートフォンを利用したワイヤレスアクセスによる電子メールや Web アクセスなどのサービスも非常に普及している．

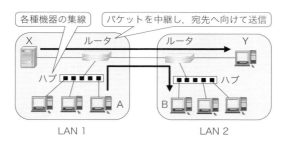

図 5.11　インターネットの主要機器

インターネットで提供されるアプリケーション・サービスは，電子メールのように利用者が直接利用するユーザアプリケーションや，ホスト名（宛先のコンピュータ名）からIPアドレスに変換する機能のように利用者は直接意識しない間接的なシステムアプリケーションに分類できる．ユーザアプリケーションは，電子メールやファイル転送のような情報転送型，WWWサービスのような蓄積情報提供・検索型，チャットやIP電話のような実時間会話型，インターネット放送やストリーミングのような実時間情報配信型のサービスに分けられる．

これらのサービス実現のための固有プロトコルはアプリケーション層に位置付けられるが，インターネットで使用されるプロトコルは，4層の階層モデルにもとづき規定されている．OSI参照モデルとの対応でみると，図5.12のようにOSI参照モデルの7～5層は一括してアプリケーション層に，4層と3層はトランスポート層とインターネット層の各々に，また2層と1層はまとめてネットワークインタフェース層に対応付けられる．

インターネットで中核的な役割を担うプロトコルはトランスポート層のTCPとインターネット層のIPなので，「TCP/IP」という表現は，狭義にはTCPとIPのプロトコルを，また広義にはインターネットで用いられるインターネットプロトコル体系（TCP/IPプロトコル群）のことを示すものとして用いられる（図5.12）．

(2) IP

通信相手と情報を交換するためには，物流ネットワークである郵便や宅配便

OSI参照モデル	インターネットの階層	[代表的プロトコル]
7 アプリケーション	アプリケーション	HTTP, SMTP, POP, FTP, TELNET, DNS, DHCP, SNMP
6 プレゼンテーション		
5 セッション		
4 トランスポート	トランスポート	TCP, UDP, RTP
3 ネットワーク	インターネット	IP, ICMP
2 データリンク	ネットワークインターフェース	Ethernet
1 物理		

図5.12　インターネットのプロトコル階層

と同様に，コンピュータネットワークに接続されているコンピュータの住所が必要である．インターネットプロトコル（IP）は世界中のコンピュータを識別するために使用され，インターネットでの住所を IP アドレスとよぶ．IP アドレスは現行の IP バージョン 4（IPv4）の場合には，32 ビットの数値である．このままでは扱いにくいので，図 5.13 に示すように 8 ビットずつ 4 つに分けてピリオドで区切り，各 8 ビットを 10 進数で表現して用いる．

インターネットは世界中の多数のネットワークからなるので，IP アドレスの割付は，図 5.14 に示すように LAN などの個々のネットワークを識別するためのネットワークアドレス部と，各ネットワーク内で個々のコンピュータを識別するためのホストアドレス部に分けて階層化して行う．これによりアドレス割付とパケットの経路選択制御（ルーティング）が容易となる．

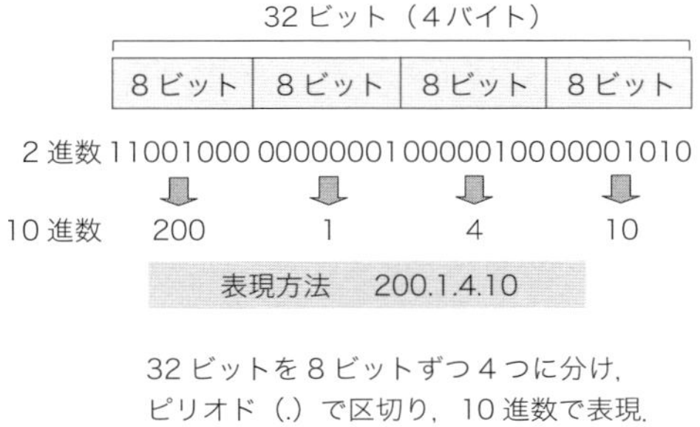

```
        32 ビット（4 バイト）
   ┌────┬────┬────┬────┐
   │8ビット│8ビット│8ビット│8ビット│
   └────┴────┴────┴────┘
2進数 11001000 00000001 00000100 00001010
        ↓       ↓       ↓       ↓
10進数  200      1       4      10

       表現方法   200.1.4.10
```

32 ビットを 8 ビットずつ 4 つに分け，
ピリオド（．）で区切り，10 進数で表現．

図 5.13 IP アドレスと表現方法（IPv4 の場合）

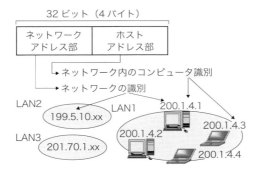

図 5.14 IP アドレス（IPv4）の割付

各ネットワークの規模（すなわち接続されているコンピュータの数）はさまざまであるので，ネットワークアドレス部とホストアドレス部の大きさを複数種類設けており，これをクラスとよぶ．クラスにはAからEまであるが，図5.15に示すクラスAからCまでがコンピュータの識別のために通常使用されるものである．クラスDはマルチキャスト通信という同報通信のために，またクラスEはインターネット技術の実験用のための特殊な用途に使用する．各クラスは先頭の1～4ビットを用いて識別する．

IPは宛先のコンピュータに向けて，IPアドレスにもとづいてパケットを転送するが，必ず届くことの保証はない．パケットを宛先に向けて送信するために，ルータにおいて次の経路を選択するルーティングを行う．図5.16に示すようにルーティングに用いる，宛先ネットワークアドレスと次に送信する隣接ルータのIPアドレスの対応表をルーティンテーブルという．

ルーティングテーブルの設定には，管理者が経路情報を直接設定する方法（スタティックルーティング）とルータ間で経路情報を交換し合って常に最新の状態とする方法（ダイナミックルーティング）がある．後者のためにルーティングテーブルを動的に更新する仕組みが，ルーティングプロトコルである．インターネットは，ルータや通信回線の一時的な障害や，新たなネットワークが接続されても，通信は継続できることが大きな特徴である．このためルーティングテーブルを常に適切な状態に保つことが必要であり，小規模なネットワーク

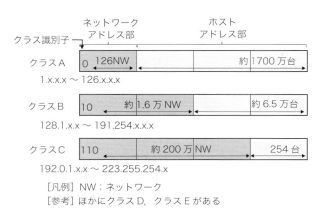

図5.15　IPアドレスのクラス種別

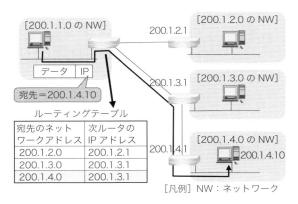

図 5.16　ルータによるルーティング

を除けば，ほとんどがダイナミックルーティングを用いている．

　エンド・コンピュータのネットワーク層では，上位層からのデータに IP ヘッダを付加して IP パケットを送信し，また受信した IP パケットをヘッダ情報にもとづいて上位層へ引き渡す．また，中継のルータでは，宛先 IP アドレスにもとづいて隣接のルータへ送信する．IP ヘッダの構成と各構成項目の内容を図 5.17 に示す．

　インターネットの普及にともない，IPv4 におけるインターネット接続機器に付与する IP アドレスの不足が顕著になったため新たなインターネットプロトコルとして IP バージョン 6(IPv6) が開発された．IPv4 のアドレスは 32 ビット（＝約 10^9 ＝約 43 億）であるのに対して，IPv6 では 128 ビット（＝約 10^{38}）であり，付与できるアドレスは IPv4 の 10 の 29 乗倍となる．128 ビットのアドレスは，ネットワークを識別するために階層化されたネットワークプレフィックス（上位 64 ビット）とネットワーク内のコンピュータ機器を識別するインタフェース ID（下位 64 ビット）からなり，アドレス割付と経路制御の容易化を図っている．あらゆるものがネットワークにつながる時代に向けて，IPv6 は必要なアドレスを提供するものといえる．図 5.18 に基本ヘッダの構成を示す．

(3) TCP

　トランスポート層の代表的なプロトコルは TCP と UDP (User Datagram

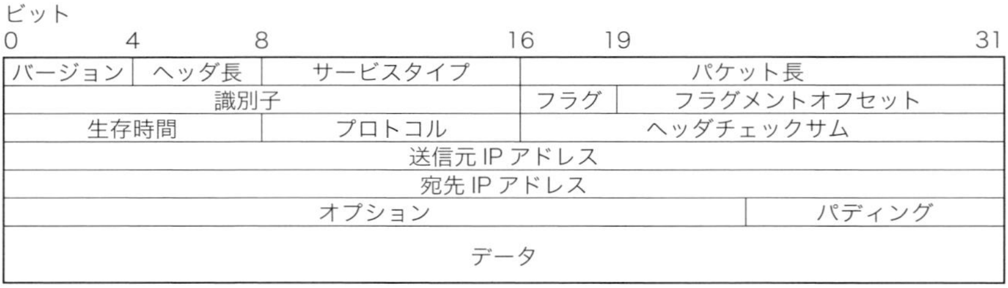

```
ビット
0        4        8              16    19                              31
┌──────────┬──────┬──────────────┬──────────────────────────────────┐
│ バージョン│ヘッダ長│ サービスタイプ│         パケット長                │
├──────────┴──────┴──────────────┼──────┬──────────────────────────┤
│          識別子                 │ フラグ│ フラグメントオフセット    │
├────────────────┬───────────────┼──────┴──────────────────────────┤
│   生存時間      │  プロトコル    │      ヘッダチェックサム          │
├────────────────┴───────────────┴─────────────────────────────────┤
│                    送信元 IP アドレス                              │
├──────────────────────────────────────────────────────────────────┤
│                    宛先 IP アドレス                                │
├──────────────────────────────────────────────┬───────────────────┤
│                  オプション                    │    パディング       │
├──────────────────────────────────────────────┴───────────────────┤
│                       データ                                      │
└──────────────────────────────────────────────────────────────────┘
```

バージョン：4
ヘッダ長：IP ヘッダの長さ
サービスタイプ：パケットのサービス品質（優先度など）
パケット長：ヘッダとデータを合わせた IP パケット全体の長さ
識別子：パケットを分割したときの識別情報
フラグ：分割の制御情報
フラグメントオフセット：パケット分割したときの位置情報
生存時間：パケットの永久迷走の防止
プロトコル：上位レイヤのプロトコル種別（TCP, UDP など）
ヘッダチェックサム：誤り検出のための情報
パディング：ヘッダを 4 バイトの整数倍にするための調整

図 5.17　IP のヘッダ構成

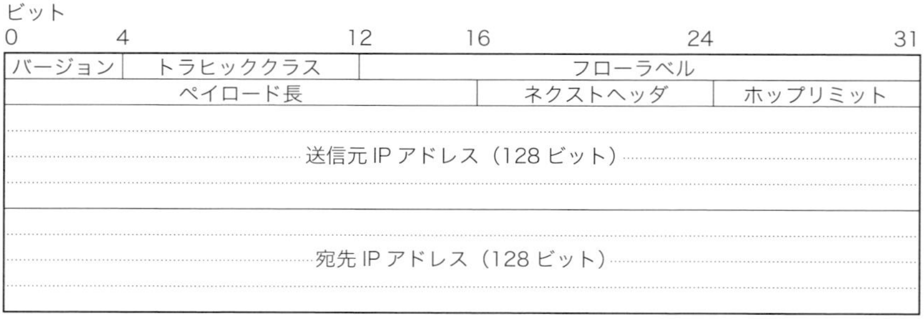

```
ビット
0        4               12       16              24           31
┌──────────┬─────────────┬────────────────────────────────────┐
│ バージョン│ トラヒッククラス│           フローラベル              │
├──────────┴─────────────┼─────────────────────┬──────────────┤
│       ペイロード長         │    ネクストヘッダ     │ ホップリミット │
├────────────────────────┴─────────────────────┴──────────────┤
│                                                              │
│              送信元 IP アドレス（128 ビット）                   │
│                                                              │
├──────────────────────────────────────────────────────────────┤
│                                                              │
│              宛先 IP アドレス（128 ビット）                     │
│                                                              │
└──────────────────────────────────────────────────────────────┘
```

バージョン：6
トラヒッククラス：パケット処理の優先度の識別
フローラベル：特別な処理のためにトラヒックフローを識別
ペイロード長：基本ヘッダを除いたパケットの長さ
ネクストヘッダ：本ヘッダの直後のヘッダの種別
ホップリミット：通過できるルータ数

図 5.18　IPv6 の基本ヘッダ

Protocol）である．TCP はデータの信頼性を保証しており，電子メール，WWW，ファイル転送などで使用される．一方，UDP はデータの送受信の要求，確認を行わないので，プロトコルの処理負荷が軽く，アプリケーションに使い方を任せているため自由度が高い．UDP は，ネットワークの管理運用系のアプリケーションや情報配信のアプリケーションで使用される．

　TCP はデータを宛先に確実に届けるという重要な機能を提供する．IP は，宛先に向けて経路を選択しパケットを運ぶ機能を実現するが，途中の回線やルータの障害によりパケットが紛失することがある．TCP の主目的は，パケットの紛失を検出して再送し確実に届けるという転送の信頼性を与えることにある．また，TCP は通信において確認，応答を行う通信品質の高いコネクション型のプロトコルであり，通信に先立ち論理的通信路を設定し，通信が終了すると切断する．回線の確立，つまり，コネクションが確立された後のデータ転送のための制御機能には，図 5.19 に示すようにパケットの紛失に対する再送制御，パケットの到着順序の逆転に対する順序制御，パケットの送信速度を調整するフロー制御と輻輳制御がある．TCP の再送制御，ウインドウ制御および輻輳制御について以下に説明する．

　再送制御では，図 5.20 に示すように送信側で応答待ちタイマを起動し，送信したデータパケットに対する確認応答パケットを待つ．一定時間経っても受信できない場合には，データパケットが紛失したものと判断してデータパケッ

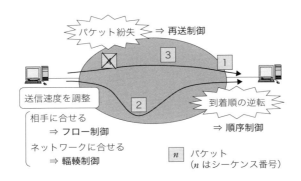

図 5.19　TCP の役割と機能

トを再送する．受信側では，回線障害などによるルート切替り，パケット紛失が発生すると，シーケンス番号によりパケットの到着順の逆転や抜けを検出する．受信側は再送などで遅れて到着したデータパケットを含めて，データパケットの順序を整える（順序制御）．

　データを相手に正しく届けるために確認応答パケットを用いるが，一つのデータパケットの送信後に確認応答パケットを受信するまでの間，データパケットを送信できないので効率が悪い．このため図5.21に示すように確認応

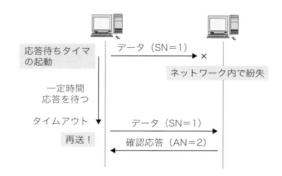

［凡例］SN：シーケンス番号　AN：確認応答番号

図 5.20　TCP の再送制御

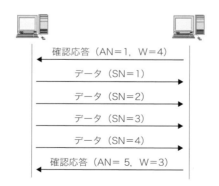

［凡例］SN：シーケンス番号　AN：確認応答番号
　　　　W：ウィンドウ（受信可能なデータの大きさ）

図 5.21　ウィンドウ制御による連続転送

答パケットを待つことなく，複数のデータパケット（このデータ量をウィンドウサイズという）を連続して送信し，まとめて確認応答できるようになっている．このウィンドウサイズは，受信側コンピュータが受信可能な量（バッファ量）を送信側コンピュータに伝えることで知らせる．このように受信側コンピュータのバッファ能力に応じて，送信側の送信速度を調整することをフロー制御といい，とくにウィンドウを用いた制御をウィンドウ制御という．

インターネットにおいて利用状況の変化によりトラフィックが集中すると，ルータのバッファが一杯になってパケットが廃棄されることがある．ネットワークの過負荷状況を緩和し，パケット廃棄をできるだけ回避するために，TCPではネットワークの混雑状況を推定して，端末が送信するデータ量を調整することを輻輳制御という．

TCPヘッダの構造と各フィールドの意味を図5.22に示す．上位層であるアプリケーションとの関係で重要なものが，アプリケーションを識別するためのポート番号である．ポートはトランスポート層とアプリケーション層との間で情報の授受を行うインタフェースであり，どのアプリケーションがどの番号のポートを使うかが決められている．代表的なアプリケーションにはポート番号があらかじめ割り当てられ，それらの番号はウェルノウンポート番号（Well-

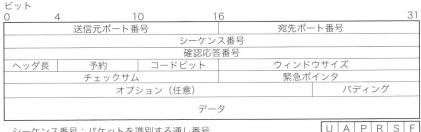

図5.22 TCPのヘッダ構成

ビット			
0		16	31
送信元ポート番号		宛先ポート番号	
パケット長		チェックサム	
データ			

パケット長：ヘッダとデータを合せた UDP パケット全体の長さ
チェックサム：UDP パケット全体の誤り検出のための情報

図 5.23　UDP のヘッダ構成

known port number) とよばれる．

　UDP は TCP と異なり，図 5.23 に示すようにアプリケーション層へのポート番号の指定とデータの誤り検出のためのチェックサムという二つの機能のみを提供するプロトコルである．データを相手に届けることは保証していない．また，コネクションの確立・切断の手順はなく，信頼性を保証しないコネクションレス型である．インターネットでの映像配信などのリアルタイム通信サービスに用いられる．

5.5　インターネットの利用

(1) ドメイン名と DNS サーバ

　インターネット上の住所である IP アドレスは 5.4 節で述べたように 10 進数で表現するが，人間にとっては非常に扱いにくい．そこで IP アドレスとは別に，人間が記憶しやすい名前を設けて利用する．この名前のことをドメイン名 (domain name) という．ドメイン名はドットで区切られて階層化されており，第 1 階層は国際的に一意に割り当てられた国名を示し，第 2 階層以上は各国の管理機関で管理される．割り当てられた階層以上の名称は，その組織内で自由に設定できる．日本国内のドメイン名には，図 5.24 に示すように組織属性と組織名による属性型 JP ドメイン名，市町村名等の地域型 JP ドメイン名，および登録数の制約がなく日本語の利用も可能な新しい汎用型 JP ドメイン名の 3 種類がある．

　人間にとって便利なドメイン名であるがルータには理解できず，パケットを宛先まで届けることができないので，ドメイン名から IP アドレスに変換する

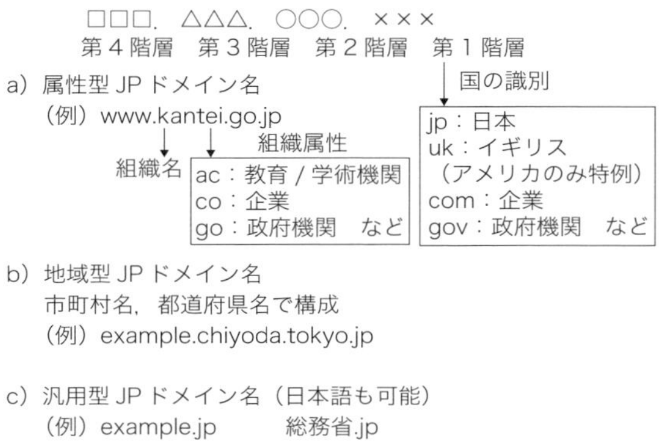

```
                □□□．   △△△．  ○○○．  ×××
                第4階層  第3階層 第2階層  第1階層
                                           ↓ 国の識別
a) 属性型JPドメイン名
   （例）www.kantei.go.jp
                  ↓        ↓ 組織属性        jp：日本
               組織名   ac：教育/学術機関     uk：イギリス
                       co：企業              （アメリカのみ特例）
                       go：政府機関  など    com：企業
                                             gov：政府機関  など
```

b) 地域型JPドメイン名
   市町村名，都道府県名で構成
   （例）example.chiyoda.tokyo.jp

c) 汎用型JPドメイン名（日本語も可能）
   （例）example.jp   総務省.jp

図5.24　ドメイン名と構造

仕組みが必要となる．この変換を行う機構がDNS（Domain Name System）であり，この変換サービスを提供するコンピュータのことをDNSサーバ（またはネームサーバ）という．相手と通信したいクライアント側のコンピュータプログラム（リゾルバ）は，図5.25に示すようにDNSサーバに通信相手のドメイン名を送ってそのIPアドレスを教えてもらい，その後にこのIPアドレスにより通信相手にアクセスすることになる．リゾルバとはネームサーバにホスト名を通知してIPアドレスの検索を依頼したり，その逆を依頼したりするクライアント側のプログラムである．DNSサーバとリゾルバとのやりとりのためのプロトコルがDNSプロトコルであり，トランスポート層のプロトコルはUDPを用いる．DNSサーバは各ネットワークに設置されるが，世界中のドメイン名とIPアドレスの対応情報を保持しているわけではなく，図5.26に示すようにDNSサーバは階層化されている．各階層のドメイン名に対応したDNSサーバがあり，配下のDNSサーバのドメイン名とIPアドレスを管理している．リゾルバからの問合せに対して，自DNSサーバ（ローカルDNS）の範囲外の場合には，上位階層のDNSサーバへ問い合せる．DNSサーバでは検索結果を一時的に記憶（キャッシュ）しておき，検索の効率化を図っている．なお，最上位のDNSサーバはルートDNSサーバといい，全世界に13個設置されている．このようにDNSサーバは，インターネットの非常に重要な電話帳の役割を果たしている．

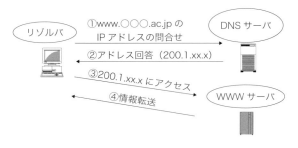

図 5.25　DNS の仕組み

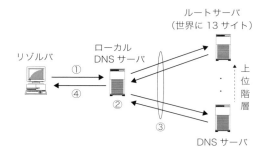

図 5.26　DNS の階層化

(2) 電子メール

電子メールはインターネットにおいて，初期の頃から利用されている代表的なサービスの一つであり，E-mail ともいう．コンピュータ機器の間で，文字や画像や音声からなる電子的な手紙を交換するものである．送信側が発した電子メールはメールサーバに蓄積されるので，受信側は自分宛の電子メールがあるかどうかを調べて取り出す．電子メールの利用者には，メールの住所であるメールアドレスが付与される．

電子メールには送信用の SMTP（Simple Mail Transfer Protocol）と受信用の POP3（Post Office Protocol 3）の二つのプロトコルがあり，これらに対応したメールサーバとして SMTP サーバと POP3 サーバがある．送信元は図 5.27 に示すように，メーラとよばれる電子メールソフトを用いて電子メールを作成し，SMTP サーバに送信する．SMTP サーバは宛先の POP3 サーバへ電子メー

ルを送信するために，宛先の POP3 サーバの IP アドレスを DNS サーバに問い合せる．DNS サーバは電子メールアドレスから宛先の POP3 サーバの IP アドレスを返送する．これにもとづき SMTP サーバは SMTP を用いて，宛先の POP3 サーバへ電子メールを転送し，POP3 サーバでは利用者ごとのメールボックスに格納する．宛先の利用者は POP3 を用いて，POP3 サーバに電子メールの受信有無を定期的または任意の契機で問い合せ，電子メールを取り出す．

電子メールは制御情報のヘッダ部とメール内容のメッセージ部からなるが，代表的なヘッダ情報を図 5.28 に示す．

メールアドレスの形式は，ユーザ ID（ユーザアカウントともいう）とドメイン名とからなり，ユーザ ID とドメイン名の間に＠（アットマーク）を置いて，ユーザ ID ＠ドメイン名のように表す（例：jyohou@tsushin.ac.jp）．特定のグループ内の全員に同一メールを簡単に出すための手段としてメーリングリスト

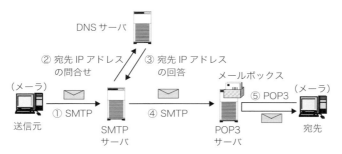

SMTP（Simple Mail Transfer Protocol）：メールの送信
POP3（Post Office Protocol 3）：メールの読出し

図 5.27　電子メールの流れとプロトコル

```
FROM（差出人）     ：送信者のメールアドレス
To（宛先）         ：受信者のメールアドレス
Cc               ：カーボンコピー（写しの受信者）
Subject（件名）    ：メールの表題
Date（日付）       ：送信日時
Reply-to（返信先） ：返信用の宛先メールアドレス
Bcc              ：ブラインドカーボンコピー
                  （受信者をほかに教えたくない場合）
```

図 5.28　電子メールのヘッダ情報

がある．メールサーバにおいて，グループメンバのメールアドレスのリストを登録し，特別のメールアドレスを付与する．メンバがこの特別に付与したアドレス宛にメールを送信すると登録された全員にメールが配送される．

(3) WWW と HTTP

地球上のコンピュータに蓄積されている情報を，インターネットにより提供するシステムを WWW（World Wide Web）または単に蜘蛛の巣に例えて Web という．情報は HTML（HyperText Markup Language）という言語で記述されてサーバのコンピュータに蓄積され，クライアントのコンピュータは Web ブラウザまたはブラウザとよばれるソフトウェアを用いてこの情報を閲覧する．この情報アクセスに利用するプロトコルが HTTP（HyperText Transfer Protocol）である．

HTML は Web サーバが Web ブラウザに発信する情報を記述する言語であり，文字，画像，音声の情報を扱うことができる．この言語はハイパーテキストとマークアップ言語という二つの特徴を有している．ハイパーテキストとは図 5.29 に示すように，文書中に埋め込まれたリンク（図中の矢印）をたどることによって，関連する情報を取得できる文書のことである．ハイパーテキストの各ページのことを Web では Web ページといい，ある情報提供者の Web ページの中で入口となる代表ページのことをホームページという．Web ブラウザに表示された特定のキーワードや画像（通常，これらはアンダーラインが付与されたり，色がほかの部分と異なる）をクリックすると，それに関連付けられている Web ページへジャンプして表示される．この該当部分には，ジャ

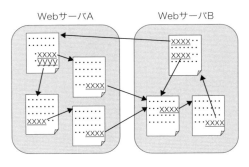

図 5.29　ハイパーテキストの概念図

```
<HTML>
<HEAD>
<TITLE> 情報通信について </TITLE>
</HEAD>
<BODY>
<CENTER><B> 情報通信について </B></CENTER>
<BR>
情報通信技術は距離と時間を克服する手段を提供しています。
<BR><I> インターネット </I>は，人類のインフラストラクチャです。
</BODY>
</HTML>
```

(a) HTMLの記述

(b) ブラウザの表示

図 5.30 HTML の記述とブラウザの表示

ンプ先の Web サーバのアドレス情報が記述されている．

マークアップ言語とは特定文字を用いて文書中にマークを付け，文書構造やレイアウトを表現する言語のことである．HTML では < > で括ったタグという文字列を使用する．HTML による記述例と Web ブラウザでの表示例を図 5.30 に示す．

インターネット上に存在する情報資源の場所を指し示す記述方式が URI (Uniform Resource Identifier) である．URI は包括的な概念であり，URI の機能の一部を具体的に仕様化したものが URL (Uniform Resource Locator) である．URL は文書中に設定されるほかの Web ページへリンクするための記述方式である．URL はインターネット上での情報の所在と取得方法（プロトコル）を指定する．URL は図 5.31 に示すように，情報にアクセスする手段であるプロトコル（スキーム）名，情報の存在するサーバのドメイン名，アクセ

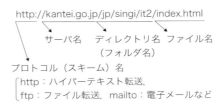

図 5.31　URL の形式

スするファイル名（ディレクトリを含む）からなる．

　WWW で情報を取得するために使用するプロトコルである HTTP は，TCP 上で動作する．HTTP はサーバへのコンテンツ要求などの制御情報を伝えるリクエストメッセージとその応答であるレスポンスメッセージからなる．図 5.32 に示すように，ブラウザは利用者が指定したアクセス先 Web サーバの URL にもとづいて，DNS サーバに対して Web サーバの IP アドレスを問い合せる．Web ブラウザは Web サーバへ TCP コネクションを設定した後，まず HTML で記述されたファイルを要求する．そして，画像情報などの添付情報を要求し，ブラウザ上に文字や画像情報からなる文書を表示する．

(4) FTP と DHCP

　ファイルをコンピュータ間で転送するために使用するプロトコルが FTP (File Transfer Protocol) であり，電子メールと並んで古くから利用されている．ファイル転送のサービスは，FTP サービスを提供する FTP サーバとその

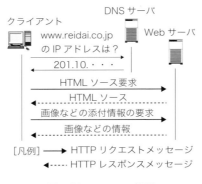

図 5.32　HTTP の概要

サービスを受ける FTP クライアントの間で行われる．現在ではプログラムやデータファイルをコンピュータ間で転送するだけでなく，WWW のホームページをインターネットプロバイダや大学や企業の Web サーバへ開設する場合に，クライアントから Web サーバへコンテンツを転送するためによく使用される．

FTP サーバのファイルをクライアントのコンピュータへ転送することをダウンロードといい，get コマンドを用いる．また，クライアントのコンピュータのファイルを FTP サーバへ転送することをアップロードといい，put コマンドを用いる．なお，FTP サーバではクライアントが許可された利用者であるかを確認するため，最初にユーザ名とパスワードによる接続可否の認証手順を実行する．FTP は TCP 上で動作するプロトコルであり，コマンド転送用の TCP コネクションとデータ転送用の TCP コネクションを用いる．図 5.33 に FTP の概要を示す．

DHCP（Dynamic Host Configuration Protocol）は，インターネットに接続されるコンピュータの IP アドレスの割当てを自動的に行うためのプロトコルである．ネットワーク管理者はコンピュータの追加のたびにアドレス割当てを手作業で行う必要がなくなり，またコンピュータ利用者は IP アドレス関係情報の設定の手間とミスから解放される．このアドレス情報を割り当てるサーバを DHCP サーバという．DHCP によるアドレス割当ての仕組みを図 5.34 に示す．

(5) ストリーミングと情報配信

映画などの動画ファイルをサーバからクライアントのコンピュータへダウンロードしながら，再生する技術をストリーミングという．ADSL や FTTH，携

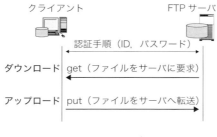

図 5.33　FTP の概要

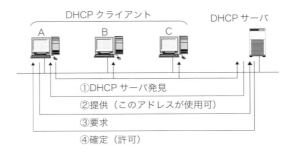

図 5.34　DHCP の仕組み

帯電話の高速回線を用いたインターネットで，映画コンテンツや実況中継の配信に利用されている．図 5.35 に携帯電話端末におけるストリーミングの例を示す．

　クライアントで動画ファイルを見る方法としては，このほかに FTP を用いてサーバからファイルをすべてダウンロードした後に再生するダウンロード型がある．ダウンロード型では，ファイルをすべてダウンロードしてからでないと再生できないので，大きいファイルの場合には要求してから実際に見るまでに相当な時間を要する．また，コンテンツがクライアントのディスクに保存されるため，再配布や改ざんなどの著作権の問題を生じやすい．ストリーミング型の情報配信は，これらの問題を解決することを狙いとしている．ストリーミング型では，図 5.35 のようにコンテンツの受信開始とともに再生を開始する．

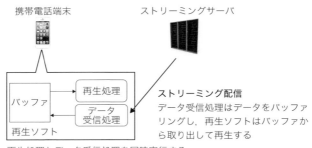

図 5.35　ストリーミングの仕組み

クライアントにコンテンツを蓄積（バッファリング）しないのでメモリ量が少なくて済み，またコピーの防止を図ることができる．なお，受信しながら再生を行うといっても，実際にはすぐには再生せず，少しコンテンツを蓄積してから再生を開始する．これはインターネットではパケットの遅延時間の変動があるので，この影響を回避するためであり，これを吸収できる程度の少しの蓄積を行うのである．

　インターネットにおけるニュース，広告などのコンテンツの配信の方法には図 5.36 のように 2 種類がある．プッシュ型配信はある決められた時間間隔で最新のニュースや天気，占いなどの情報が待受け画面上にテロップやアイコンで表示する方法である．蓄積型配信は深夜から明け方の時間帯に配信される動画や音声など比較的大容量のコンテンツ配信方法である．プッシュ型配信は情報量の小さいコンテンツ配信，蓄積型配信は情報量の多いコンテンツ配信に適している．

ユーザが自由なタイミングでコンテンツを再生できる　　配信時刻は，ネットワークやサーバに負担がかからないように平準化する

プッシュ型配信：ある決められた時間間隔で最新のニュースや天気，占いなどの情報が待受け画面上にテロップやアイコンで表示されるコンテンツ配信
蓄積型配信：深夜から明け方の時間帯に配信される動画や音声など比較的大容量のコンテンツ配信

図 5.36　情報配信の仕組み

6 情報通信システム

```
┌─────────────────────────────────────────┐
│         6.1 情報通信システムとは          │
│      ┌─────────┐  ┌──────────────┐      │
│      │アクセス方式│  │ 双方向通信方式 │      │
│      └─────────┘  └──────────────┘      │
└─────────────────────────────────────────┘
┌─────────────────────────────────────────┐
│       6.2 情報通信サービス（有線系）       │
│        ┌──────┐      ┌──────┐           │
│        │ ADSL │      │ FTTH │           │
│        └──────┘      └──────┘           │
└─────────────────────────────────────────┘
┌─────────────────────────────────────────┐
│       6.3 情報通信サービス（無線系）       │
│   ┌────────┐   ┌────────┐   ┌─────┐     │
│   │ 無線LAN │   │ 携帯電話 │   │ LTE │     │
│   └────────┘   └────────┘   └─────┘     │
└─────────────────────────────────────────┘
```

本章の構成

6章では，情報通信システムの基本構成と通信におけるアクセス方式について述べる．次に自分と相手と双方向で通信する双方向通信方式の仕組みを記述する．さらに，具体的な情報通信サービスとして有線系通信サービスであるADSL（Asymmetrical Digital Subscriber Line），FTTH（Fiber To The Home）の概要を示す．最後に無線系通信サービスである無線LAN，携帯電話およびLTE（Long Term Evolution）について概要を記述する．前頁に本章の構成を示す．

6.1 情報通信システムとは

情報通信システムの例として携帯電話方式の場合の伝送システムの基本構成を図6.1に示す．携帯電話をはじめとする現在の情報通信ではディジタル通信方式が採用されている．図の送信側においてベースバンド信号とよばれる音声などのアナログ情報はディジタル変換されて1，0で表現されるディジタル情報となる．ディジタル情報は複数ビットにまとめられて符号化され，さらに誤り検出や訂正を行う情報が付加される．変調は電波をとおして送受信できるようにベースバンド信号よりもはるかに周波数の高い搬送波の周波数や位相をディジタル情報により変化させることであり，変調波はアンテナから送信され，無線電波の形で伝送される．受信側のアンテナで受信されると，復調により搬送波からディジタル情報の信号成分を取出し，この信号を復号により1，0のディジタル信号として再現する．さらに，この信号をアナログ変換し，送信時のベースバンド信号を再生する．

図6.1は1対1の片方向の通信を示したものであるが，携帯電話の送信者が複数で受信者が無線基地局一つの場合に，干渉や混信せずに同時に通信できる方式が図6.2の無線アクセスである．一つの無線基地局が電波により干渉や混信をせずに同時に複数の携帯電話端末と通信する方法を示している．図6.3は携帯電話方式のさまざまなアクセス方式である．複数のユーザが干渉せずに同時に通信できる4種類の方法を示している．

a) FDMA（Frequency Division Multiple Access）：周波数分割多元接続．ユーザはそれぞれ異なる周波数を使用して通信を行う．

112　6　情報通信システム

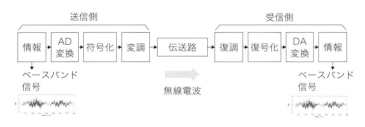

図 6.1　携帯電話伝送システムの基本構成

b) TDMA（Time Division Multiple Access）：時分割多元接続．時間スロットをユーザにそれぞれ割り当ててユーザを識別して通信を行う．
c) CDMA（Code Division Multiple Access）：符号分割多元接続．ユーザごとに異なる符号を割り当てて通信を行う．
d) OFDMA（Orthogonal Frequency Division Multiple Access）：直交周波数分割多元接続．無線 LAN や LTE など最新の携帯電話システムで採用されているアクセス方式であり，電波の状況をみてユーザに最適な周波数と時間スロットの組合せを割り当てる方式である．

携帯電話方式において上りチャネル（上り回線：携帯電話端末→基地局）と下りチャネル（下り回線：基地局→携帯電話端末）で同時に通信する双方向通

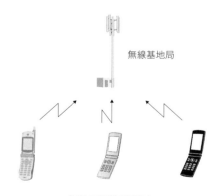

図 6.2　無線アクセス

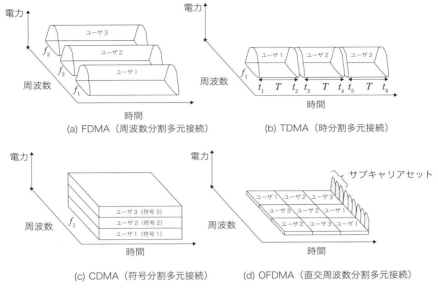

図 6.3　さまざまなアクセス方式

信方法を復信方式（Duplex：デュプレックス）とよぶ．チャネルは回線ともいう．デュプレックスには図 6.4 に示すように全二重通信（フルデュプレックス）とよばれる上り，下り別々の周波数を用いて通信を行う FDD（Frequency Division Duplex）と，半二重通信（ハーフデュプレックス）よばれる単一周波数を使用し，送信，受信を高速に切り替えて擬似的に双方向通信を実現する TDD（Time Division Duplex）がある．FDD は，携帯電話における第二世代の PDC や第三世代の W-CDMA，cdma2000 などに採用され，TDD は PHS で採用されている．図 6.5 にアクセス方式と組み合せた FDD と TDD のイメージを示す．図 6.5（a）は FDMA における FDD を，図 6.5（b）は TDMA における TDD を示し，通信方式として FDMA/FDD，TDMA/TDD のように表される．FDD では上り，下りの回線は周波数的に分離され，TDD は上り，下りの回線は非常に短い間隔で時間的に分離されている．

上りチャネル（上り回線：携帯電話端末→基地局），下りチャネル（下り回線：基地局→携帯電話端末）の双方向通信方法（Duplex：デュプレックス）
FDD（Frequency Division Duplex）全二重通信（フルデュプレックス）

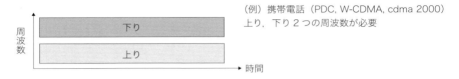

（例）携帯電話（PDC, W-CDMA, cdma 2000）
上り，下り2つの周波数が必要

TDD（Time Division Duplex）半二重通信（ハーフデュプレックス）
　高速に送受信を切り換えて擬似的に双方向通信を実現

（例）PHS
単一周波数でよい

図 6.4　双方向通信方法

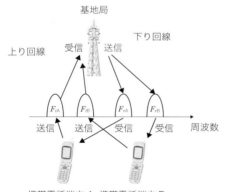

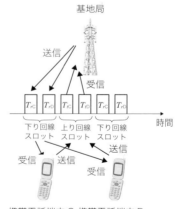

（a）FDMA/FDD の通信
FDD：上り／下り方向の回線が周波数的に分離されている

（b）TDMA/TDD の通信
TDD：上り／下り方向の回線で同一周波数帯を利用するが，時間的に分離されている

図 6.5　FDD と TDD のイメージ

6.2 情報通信サービス（有線系）

6.1節の情報通信システムの内容を踏まえて実際の情報通信サービスの主な例を表6.1に示す．有線系サービス（伝送路が同軸ケーブル，光ファイバの通信サービス）と無線系サービス（伝送路が無線電波を用いた通信サービス）について最大伝送速度，長所および短所を示している．最大伝送速度は有線系では光ファイバによるFTTHが200 Mbit/sと高速であるが，無線系は無線LANが600 Mbit/s，携帯電話が下り326 Mbit/sというようにより高速であることがわかる．有線系のFTTHは雑音などに強く高品質，一方の無線系では無線LANは配線工事不要，携帯電話はいつでもどこでも移動しながら通信できる特徴がある．これらの通信サービスは高速，広帯域（より広い周波数帯域を使用）であるためブロードバンド通信サービスとよばれる．

本節では，有線系通信サービスであるADSL，FTTHについて概説する．

(1) ADSL

ADSLは非対称ディジタル加入者線とよばれ，上り回線の速度を遅くして下り回線速度を上げている．また，電話と共用できる．料金が低廉なことから高速なインターネット接続と常時接続のアクセス系として利用されている．

図6.6はADSLの構成を示している．ユーザ宅では，壁面のモジュラージャッ

表6.1　主要な情報通信サービスの比較

		ADSL	FTTH（光ファイバ）	無線LAN	携帯電話
最大伝送速度	下り	47 Mbit/s	上下ともに 200 Mbit/s	上下ともに最大 54 Mbit/s, 600 Mbit/s	最大 326 Mbit/s
	上り	5 Mbit/s			最大 86 Mbit/s
長所		既設のアナログ回線を利用するため，理論上はすべての地域で導入可能．	干渉，雑音に強く，距離に依存しない．高品質である．	屋内での配線工事は不要で，いつでも，どこでも利用可能．	屋外，屋内においていつでも移動しながら利用できる．
短所		メタリックケーブルを利用するため，電話局からの距離が遠くなると，通信速度が低下する．	都市部でのサービスが主で過疎地での提供が困難．集合住宅で導入する際には，手続きが必要．	屋外での移動しながらの利用は困難．	屋外，屋内に複数の基地局を設置する必要がある．電波を使用するので，干渉が生じる．

クを経由して，スプリッタ，ADSL モデムが接続される．スプリッタは電話機用のアナログ信号とパソコンなどで扱うディジタル信号を分離するための装置である．ADSL モデムはパソコンなどのディジタル信号をアナログ電話回線で伝送するためにアナログ信号への変換や送られてきたアナログ信号をディジタル信号としてデータの再現を行うものである．ADSL モデムとパソコンはイーサネットケーブルで接続される．ADSL 回線を LAN 環境下でほかの複数の端末と共用する場合は，無線ルータやブロードバンドルータが使用される．

電話局では，各ユーザ宅の銅線のペアケーブルを束ねた同軸ケーブルが収容され，局内においてスプリッタを経て，音声信号は交換機経由で電話網と接続される．一方，インターネットアクセス用信号は，ADSL の局側集合モデムでディジタル信号に変換され，アクセスサーバー，ネットワーク終端装置経由でインターネットに接続される．アクセスサーバーはインターネットサービスプロバイダごとにネットワーク終端装置の振分けを行っている．

ADSL では，メタリックケーブルで伝送を行うが，図 6.7 に示すように電話回線（カッド）は ADSL と ISDN（Integrated Services Digital Network：サービス総合ディジタル網）の各 1 対の回線で構成されている．対角の 2 本をペアとしたカッドを束ねてサブユニットとなり，さらにユニットを構成し，複数

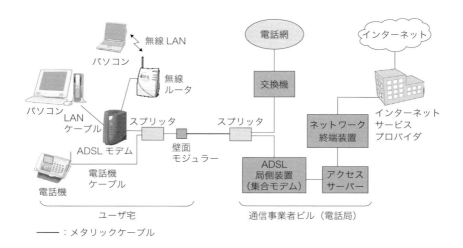

図 6.6　ADSL の構成

ユニット（図では4つ）からケーブルができている．ISDN と ADSL の周波数帯域を比較すると ISDN の周波数帯域は最大で 300 kHz 程度あるため，ADSL の周波数帯域と重なっている．このため，ADSL 回線と ISDN 回線が近接している場合は干渉が生じることになる．これにより，仕様上の伝送速度が得られない場合がある．また，メタリックケーブルでは電話局とユーザ宅の距離が長くなるほど損失が増大し，実効上の伝送速度は低下する．

(2) FTTH

FTTH は光ファイバを利用したブロードバンドアクセス方式である．光ファイバの特徴は以下のとおりである．

1) 光ファイバは石英ガラスを原料にして製造され，電磁的な影響を受けないため高品質な信号の送受信が可能である．
2) 光ファイバは大容量のデータを高速かつさまざまな波長の光信号で効率的に伝送することができる．
3) 光ファイバは損失が 1 km あたり約 0.5 dB 程度と低損失である．

上記の特徴を生かすことにより，現在では，最大 200 Mbit/s の高速インター

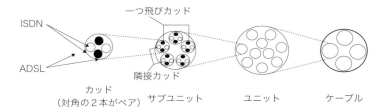

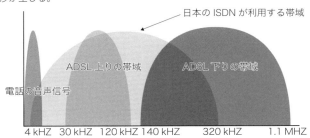

図 6.7　ISDN との干渉

ネットサービスや映像配信サービスが利用されている．

　光ファイバ通信は1990年代以前には，個人向けというよりも企業のLAN，通信事業者などの基幹回線として利用された．しかし，1990年代後半になるとインターネットの普及により，家庭まで光ファイバを敷設して個人がいつでも高速インターネットを利用できるFTTHの導入が進み，2008年以降，FTTH加入者数がADSL加入者数を上回っている．現在，有線系サービスでは，FTTHがもっとも利用者数が多い．

　図6.8にFTTHの構成を示す．電話局からユーザ宅までの伝送経路はADSLとほぼ同じであり，地下管路と電柱を使用している．光ビル収容装置は地下管路を通る数百〜数千本の地下ケーブルと接続される．これは，光加入者数で数千〜数万に相当する．電話局の局側回線終端装置（OLT：Optical Line Terminal）は光ファイバケーブル内のユーザからのさまざまな信号を認識し，伝送方式や伝送媒体の変換などを行い，適切なインタフェースをもつ装置へ接続する．

　地下管路から地上へ出てユーザ宅の近くの電柱へ立ち上げる場所を「き線点」とよび，加入者の幹線ケーブルとユーザ宅へ引き込む配線ケーブルの接続点を示す．一つのき線点で約300〜600回線を収容する．き線点からは電柱に沿って配線し，ユーザ宅には電柱のケーブルを分岐して引き込む．この線は加入者

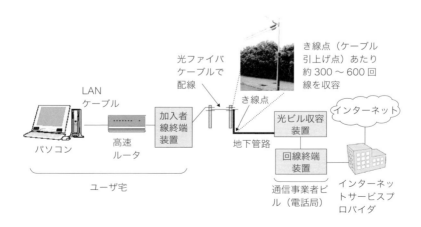

図6.8　FTTHの構成

線終端装置(ONU:Optical Network Unit)と接続され，光信号は電気信号に変換され，高速ルータ，LAN ケーブルを経てパソコンとつながる．ONU は伝送方式および伝送媒体の変換，通信信号の制御を行う装置である．

光ファイバケーブルの構造を図 6.9 に示す．複数の光ファイバ心線を束ねた光ファイバケーブルは電柱間の架空で配線するためにケーブルの張力を保つテンションメンバーが真ん中にあり，その周りに数十から千の心線を束ねた光ファイバがある．ケーブル周囲は光ファイバを外部環境から保護するために被覆されている．

光ファイバは真中のコアとその周囲のクラッドとよぶ 2 層の高純度の石英ガラスでできている．光はコアの部分を進む．コアとクラッドの光の屈折率が違うため，光はコアの中に閉じ込められて反射しながら伝わっていく．

光信号の送信，受信を行う部品として，送信はレーザダイオードを，受信はフォトダイオードを用いる．レーザダイオードは電流を光信号に変換し，光を明滅して伝送する．フォトダイオードは光信号から電流の強弱に変換する．

FTTH はインターネットだけでなく，図 6.10 のように映像や放送などのアクセス方式としても注目されている．これは，三つの波長を利用して，上り下りのデータ通信と映像配信を提供するものである．すなわちデータの送受信のほかに放送用の専用帯域を使用して情報を伝送することができる．データ用の 2 波(上り:1.3 μm，下り:1.49 μm)と波長の長い 1.55 μm を放送に用いる．このように 1 本の光ファイバに複数の信号を乗せる技術を WDM(波長分割多重)という．WDM は送信される光信号を光合成器で波長の異なる複数の光信

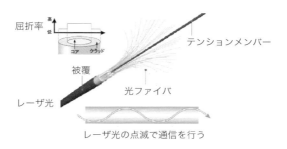

図 6.9 光ファイバケーブルの構造

号に変換して，1本の光ファイバで同時伝送し，受信のときは光分波器によってもとの信号に分離して取り出す方式である．WDMにより映像はアナログまたはディジタルの映像信号を電話局でそのまま多重化して伝送できる．ユーザ宅では，セットトップボックス（STB）を経由してテレビ画面に映像が表示される．

6.3 情報通信サービス（無線系）

(1) 無線LAN

無線LANはLANケーブルを使用せずに無線電波を用いてネットワークを構築する情報通信システムである．多数の端末を利用する企業オフィスにおいては，レイアウト変更にともなう配線工事が不要であるので導入が進んでいる．

表6.2は現在使用（今後商用化見込みを含む）されている無線LANの規格

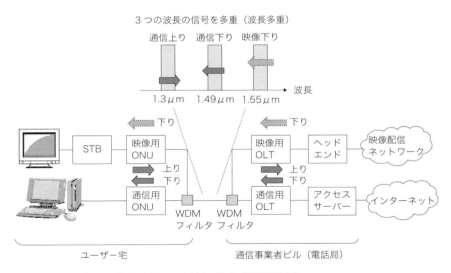

図6.10　波長多重による映像配信

表 6.2 無線 LAN の規格

方式名称	802.11a	802.11b	802.11g	802.11n	802.11ac
最大伝送速度	54 Mbit/s	11 Mbit/s	54 Mbit/s	600 Mbit/s	6.9 Gbit/s
標準化時期	1999 年	1999 年	2003 年	2009 年	2014 年
周波数帯	5 GHz 帯	2.4 GHz 帯	2.4 GHz 帯	2.4/5 GHz 帯	5 GHz 帯
多重化方式,変調方式	OFDM	DSSS/CCK	OFDM	OFDM/MIMO	OFDM/MIMO

CCK：Complementary Code Keying（相補符号変調）
DSSS：Direct Sequence Spread Spectrum（直接スペクトラム拡散方式）
MIMO：Multiple Input Multiple Output
OFDM：Orthogonal Frequency Division Multiplexing（直交周波数分割多重）

である．使用する周波数帯域により 2.4 GHz 帯の IEEE802.11b（以下 11b），IEEE802.11g（以下 11g），IEEE802.11n（以下 11n）と 5 GHz 帯の IEEE802.11a（以下 11a），11n，IEEE802.11ac（以下 11ac）がある．

2.4 GHz 帯の無線 LAN は従来から用いられ，伝送速度 11 Mbit/s の 11b と 54 Mbit/s の 11g がもっともよく普及している．11g は 11b と互換性がある．これは 11g と 11b が混在している場合，11g の無線 LAN 基地局である AP（アクセスポイント）を混在モードに設定することにより 11g の方で相手端末が 11b または 11g のどちらを送受信するかを検知してパケットごとに 11g 端末とは 11g 方式，11b 端末とは 11b 方式で通信を行うものである．11b の変調方式が DSSS（直接スペクトラム拡散）方式であるのに対し，11g や後述する 11a，11n の変調方式では，マルチパス伝搬による品質劣化に強い OFDM（Orthogonal Frequency Division Multiplexing：直交周波数分割多重）方式を採用している．OFDM は送信する信号を複数のキャリア（周波数）に分けてそれぞれのキャリアにデータ信号を分散して乗せ，並列にかつ多重化して送信している．直交という意味は複数の一つ一つのキャリア（サブキャリアとよび数十〜数千ある）が互いに 90 度ずつ位相がずれていることを示している．11n では伝送速度の高速化のために送信，受信にそれぞれ複数のアンテナを用いて伝送を行う MIMO（Multiple Input Multiple Output）技術が採用されている．11ac は MIMO のアンテナ数を 11n の 2 倍とし，多値変調方式を適用して大幅な高速化を実現している．

11b,11g,11n の周波数帯である 2.4 GHz 帯は ISM（Industrial Scientific and Medical）帯とよばれ，電波免許は不要である．電子レンジや医療用加熱機器，科学計測機器などにも使用されるのでこれらから放射される電磁波の干渉の影響を考慮して利用しなければならない．11a，11n，11ac の使用周波数帯である 5 GHz 帯は電波の直進性が強く，障害物があると減衰しやすい性質がある．このため，実効伝送速度が得られるエリアは 11b，11 g に比較して狭くなる．

図 6.11 は無線 LAN の構成を表している．ハブ，ルータを経由してアクセスネットワークからインターネットに接続される部分は有線の LAN と同一である．ハブからは個々の無線 LAN 基地局（アクセスポイント）へはイーサネットケーブルで接続される．アクセスポイントは企業，オフィスのさまざまな利用シーンに合わせて設置が可能である．アクセスポイントについては，世界の機器ベンダーが製造したものについて相互接続性を保証するために WECA（Wireless Ethernet Compatibility Alliance）という業界団体が相互接続を検証した製品に国際規格の認定品であることを示す Wi-Fi（Wireless Fidelity）のロゴが貼付されている．このため無線 LAN は Wi-Fi ともよばれる．

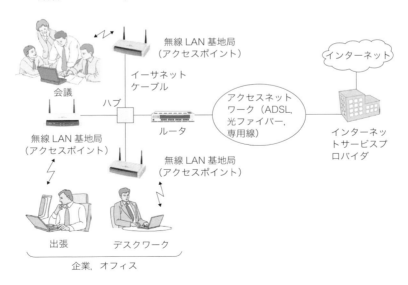

図 6.11　無線 LAN の構成

無線LANのセキュリティ方式としては，IEEE802.11で規定されたWEP（Wireless Equivalent Privacy）という暗号方式が使用されていたが，通信内容を解読できる脆弱性が見つかったため，暗号鍵を容易に解読されないように工夫したWPA（Wi-Fi Protected Access）とIEEE802.11i規格に準拠したWPA2が用いられている．

（2）無線電波と携帯電話

無線電波は，無線電信に始まり，ラジオ・テレビ放送を経て最近では，移動通信，衛星放送，交通，電子機器など非常に多くの分野で利用されている．図6.12は光を含めた電磁波と光よりも波長の長い電波の周波数帯による利用状況を示したものである．電波は3kHzから3000GHzまでであり，3000GHz以上は赤外線，紫外線などの光の領域である．電波の波長と周波数の関係は波長＝光速（$3×10^8$ m/s）／周波数であり，たとえば，周波数300MHzの場合の波長は1m，3GHzの場合，10cmとなる．FMラジオ放送やテレビ放送は主に30MHz～300MHzのVHF（超短波）帯，携帯電話やPHS，テレビ放送の一部などは300MHz～3GHzのUHF（極超短波）帯が使用されている．

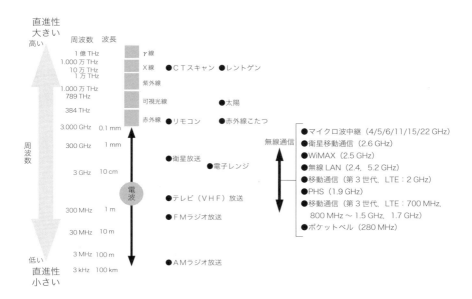

図6.12　電波の種類

また，UHF 帯との境界域（1〜3 GHz）を準マイクロ波帯，3〜30 GHz の電波をマイクロ波帯ともよび，移動通信や固定通信，衛星通信，無線 LAN，電子レンジなどに幅広く利用されている．図 6.12 に無線通信で使用されている具体的な無線通信サービスと使用周波数を記載している．

無線電波は利用目的，利用範囲により国ごとに政府主管庁が周波数の割当てを行っており，とくに移動通信では，限られた周波数帯域の中でできるだけ多数のユーザを収容し，大量の情報を効率よく伝送することが求められる（周波数の有効利用）．したがって，携帯電話方式をはじめとする移動通信での電波の利用においては，周波数有効利用が重要な課題の一つとなっている．

電波の性質として波長が短いほど直進性が強くなる．このため，テレビ放送など波長が長い場合は，壁などで遮られた建物内部などでも受信できるが，波長の短い携帯電話端末はビルなどでは，窓際でなければ受信できないことが多い．移動通信を例にとると，都市内において，基地局から送信された電波が移動局（携帯電話端末）へ到達するまでの電波の伝搬の様子は図 6.13 のようなモデルで示される．

電波はビル，樹木などの障害物により複雑な伝わり方をし，多数の波が携帯電話端末へ到来することがわかる．図のように直進する直接波（①），建物の中を通り抜ける透過波（②），山，建物壁面などではね返って伝わる反射波（③），障害物の裏へ回り込んで到来する回折波（④）などである．これらの複数の電波が携帯電話端末へ届くと，直接波はもっとも早く受信点に到来するのに対し，遠方の山やビル壁面で反射する反射波は伝わる距離が長くなるので，直接波に比較し，時間的に遅れて受信点に到達する．各電波は，山（電波強度が強い）と谷（電波強度が弱い）がある波形であるので，これら複数の電波が重なり合うことによって，電波の干渉が起こり，電波の波形は時間とともに複雑に変化する．この現象をマルチパスフェージングとよぶ．これは，図 6.13 の各波の振幅，位相が異なるためであり，携帯電話端末を使用する利用者が移動するにつれて，受信電波の振幅，位相は時間とともに細かくかつダイナミックに変動するからである．時間的に観測した場合は，上記のような変化であるが，空間的に観測した場合，電波の強度（電界強度）は，基地局と移動局の間に遮るものがない見通し内（自由空間）の場合，基地局と移動局間の距離の 2 乗で減

6.3 情報通信サービス（無線系）　　125

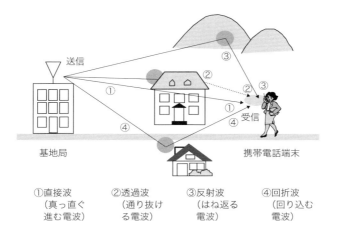

① 直接波　　② 透過波　　③ 反射波　　④ 回折波
　（真っ直ぐ　　（通り抜け　　（はね返る　　（回り込む
　進む電波）　　る電波）　　電波）　　電波）

図 6.13　移動通信の電波伝搬モデル

衰する性質がある．

　携帯電話方式などの移動通信において，基地局から電波の届く同心円状のエリアを無線ゾーンとよぶ．携帯電話方式では，この無線ゾーンの大きさを小さくし，セル（葡萄の房に例えられる）とよぶ小ゾーンの集合でサービスエリアを覆うセルラー方式が採用されている．この方式を採用した携帯電話システムの機能を模式的に示すと図 6.14 のようになる．位置登録機能とは，位置登録エリアとよばれる複数のセルから構成されるエリアから別の位置登録エリアに携帯電話端末が移行したときに位置情報の更新を行って，常に端末の位置情報を管理することである．図 6.14 では携帯電話端末が位置登録エリア A から位置登録エリア B へ移行したときに位置情報が更新される．その他の機能として各セルでは，携帯電話端末から送信して通信相手先と通信を開始する発信機能，通信相手から携帯電話端末に電話がかかってくる着信機能，携帯電話端末で電話がかかってくるのを待っている状態である待受け機能がある．また，携帯電話端末が隣接のセルに移行するときは，移行先の基地局からの受信レベルが今まで通信を行っていた基地局からの受信レベルより高くなったときに，今までの通信チャネルを移行先基地局の通信チャネルへ切り換えるハンドオーバ機能がある．

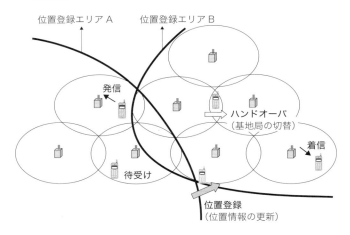

図 6.14　携帯電話システムの機能

　図 6.15 は携帯電話ネットワークの構成である．ネットワークは基地局，加入者交換局，関門交換局，ホームメモリ局などで構成される．携帯電話端末が位置登録エリア A に存圏しているときは，基地局と携帯電話端末の間で通信が行われ，位置情報がホームメモリ局に登録される．したがって，固定電話から携帯電話端末へ着信があるときはホームメモリ局に携帯電話端末の電話番号と位置情報を照会し，位置登録エリア A 内の全基地局から一斉に呼出しを行い，呼出しの電話番号に該当する携帯電話端末に回線を接続する．また，位置登録エリア A に存圏していた携帯電話端末が位置登録エリア B に移行したときは，携帯電話端末は移行先基地局と通信を行い，位置登録エリア B に存圏しているとの情報を基地局へ送信する．この情報は交換局経由でホームメモリ局に通知され，位置情報が更新される．携帯電話端末に着信があるときは位置登録エリア B 内のすべての基地局が一斉呼出しを行うので，回線が接続される．位置登録は携帯電話端末が存圏する位置登録エリアが変わるたびに行われる．

(3) LTE

　携帯電話システムは 2001 年に第 3 世代携帯電話方式（以下 3G），2006 年に 3G を高速化した第 3.5 世代（以下 3.5G），2010 年に LTE 導入というように進化してきた．3G，3.5G と LTE の比較を表 6.3 に示す．下り伝送速度は最大 7 倍以上となっている．

6.3 情報通信サービス（無線系）　　127

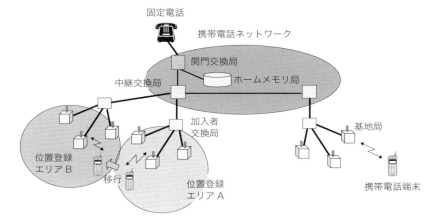

図 6.15　携帯電話ネットワーク

表 6.3　LTE の特徴と 3G，3.5G との違い

	LTE	3G, 3.5G
データ通信方式	パケット通信がメイン 音声は VoIP でサポート	回線交換，パケット交換
最大通信速度	下り：100 Mbit/s，上り：50 Mbit/s	下り：14 Mbit/s，上り：7 Mbit/s
伝送遅延	5 ms 以内	10 ms 以内
周波数帯域幅	1.4, 3, 5, 10, 15, 20 MHz の複数のシステム帯域幅をサポート	5 MHz の帯域幅
多重化方式	OFDM	CDMA
スケジューリング*	1 ms 単位，HSDPA は 2 ms 単位	周波数のスケジューリングなし
アンテナ	MIMO（4 × 4）とダイバーシチ	ダイバーシチ

＊ VoIP：Voice over Internet Protocol（TCP/IP プロトコルを利用して音声データを送受信する技術）
＊ スケジューリング：ユーザの電波状況をみて時間スロット，周波数を最適に割り当てること
＊ HSDPA：High Speed Downlink Packet Access（3G 方式の改良版である 3.5G の規格）

LTE の要求条件は以下のとおりである．
1) データ通信（パケット交換）に特化
2) 可変帯域（1.4〜20 MHz）をサポート
3) 低遅延の実現
　・接続遅延：最大 100 ms 以下
　・転送遅延：5 ms 以下（無線区間）

4) 高速性の実現
   - 下り：100 Mbps 以上
   - 上り：50 Mbps 以上
5) 周波数利用効率の向上（3.5G 比較）
   - 下り：3 倍以上
   - 上り：2 倍以上
6) 既存システム（3G/3.5G）との共存

上記の要求条件を満たすため LTE では以下の新しい技術が採用されている．

a) OFDM：高速に複数ユーザのデータを多重化する技術
b) スケジューリング：ユーザごとの電波状況を見て，ユーザに時間や周波数のスロットを割り当てて，高速に通信できる技術［実際の LTE では，図 6.16 に示すように電波のフェージング状況のよいリソースブロック (時間フレームと周波数の組合せ) を各ユーザに割り当てている］
c) MIMO：送信側も受信側も複数のアンテナを用いて送受信する技術

LTE でのさまざまな基礎研究や技術開発を踏まえて 2010 年代後半には，LTE の下り伝送速度の 10 倍（最大 3 Gbit/s）の性能を有する第 4 世代携帯電話システム（LTE-Advanced）の実用化が予定されている．

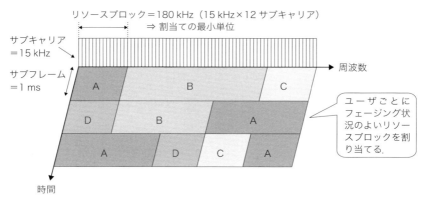

下り回線（基地局→ユーザ）でユーザ A～D に割り当てる様子．
周波数の幅 180 kHz ごと，時間幅 1 ms ごとにリソースブロックを割り当てる．

図 6.16　LTE における下り回線のリソースブロックの割当て

7
情報セキュリティの社会的な背景

本章の構成

現代社会は，インターネット技術を中核とするコンピュータネットワークが，グローバルに張り巡らされ，情報メディアも多様に進化し続けている．コンピュータネットワークを使って提供されるネットワークサービスは，産業や私たちの暮らしを支える重要な社会基盤となり，ビジネスや日々の生活のあらゆるものを結びつけようとしている．情報通信環境は国境を超えグローバルに進歩し続け，これまでの産業型社会からサイバー社会へと大きな転機を迎えている．近年の身近な例としては，スマートフォンに代表される，インターネットに容易に接続できる情報機器の急激な普及があげられる．また，人間関係を豊かにする SNS（Social Networking Service）の普及も著しい．

　現代の社会基盤となったコンピュータネットワークは，悪意をもったユーザの存在を前提としない学術用のインターネットから発展したものである．この急速な普及が，サイバー社会の恩恵をもたらす一方，あらゆるユーザに情報セキュリティを意識させることとなった．

　本章では，前頁に示す構成で，インターネットの発展過程を情報セキュリティの観点から振り返り，情報やシステムを守るために情報セキュリティが必要とされる社会的な背景を学習する．

7.1　産業型社会からサイバー社会へ

(1) 人間の知的活動

　人類は古来より自分の意志や周囲の情報をさまざまな形式で表現し，他の人に伝えてきた．知識創造理論において，知識を「暗黙知」と「形式知」に分け，その変換プロセスを示した SECI モデルでは，知識変換の活動を図 7.1 に示す以下の4つのステップで表現している[1]．

・共同化（Socialization）：共体験などによって暗黙知を獲得・伝達する
・表出化（Externalization）：暗黙知を共有できるよう形式知に変換する
・連結化（Combination）：形式知を組み合せて形式知を創造する
・内面化（Internalization）：形式知をもとに個人が実践を行い体得する

　ここで，暗黙知は言葉や文章で表すことの難しい主観的で身体的な知識のことをいう．具体的には，想い，視点，メンタルモデル，熟練，ノウハウなどが

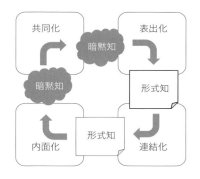

図 7.1　SECI モデル

あげられる．一方，形式知は，言葉や文章で表現できる客観的で理性的な知識のことで，コンピュータネットワークやデータベースを活用して容易に組換えや蓄積が行えるものである．

(2) 情報通信技術

　情報通信は，表出化された形式知を連結化に向けて共有することといえる．形式知を音の伝わる範囲で伝えるために言葉が最初に生み出され，約 6 千年前に時間と空間を超えることのできる文字が考案された．そして 15 世紀に発明された活版印刷技術によって，形式知を多くの人々へ伝えることが出来るようになった．19 世紀には，形式知をさらに速く遠くへ伝えることのできる電気通信技術が実用化され，20 世紀半ばから発展したコンピュータが，形式知を連結化する情報処理に革命をもたらした．情報通信技術（ICT : Information Communication Technology）は，コンピュータが扱うディジタル情報を通信によって高速・正確・大量に処理し，伝え，共有することを可能にした．コンピュータとネットワークから構成されるコンピュータネットワークは，いまや社会基盤の重要な一部となり，私たちの生活やビジネスを支える手段として，不可欠なものになっている．

　ICT の中でも，演算技術，記録技術，通信技術が驚異的速さで進化した．演算技術の進化は，コンピュータのダウンサイジングとパーソナル化を，記憶技術の進化は，メモリの大容量化と低廉化を，通信技術の進化は，利用環境のブロードバンド化とユビキタス化をもたらした．とくにその効果は，インターネッ

ト技術を中核とするコンピュータネットワークに大きく反映された．その結果，悪意をもったユーザの存在を前提としない性善説にもとづく学術用のインターネットが，一般ユーザを対象とする商業用の社会基盤へと姿を変えていくことになった．爆発的な成長を半世紀近く続けているICTによって，総合的かつ有効に駆使されて構築される巨大な仕掛けが，21世紀のサイバー社会である．そして，従来の産業型社会で繰り広げられていた多くの活動が，このサイバー社会に活躍の場を移し，ビジネスを展開し始めている．

(3) 第2の転機

いま，人類は大きな変革期を迎えている．数百万年前，人は森から草原へ進出し，身体的進化として直立二足歩行を始めた．この転機に続いて人類は，「産業型社会からサイバー社会へ」という第2の転機を迎えている．森から草原に進出した人々にとって，草原での生活に新しい心構えが必要であった以上に，サイバー社会では精神的進化としての新しい心構えをもつことが望まれている．従来の産業型社会は100人集まれば，一人の100倍の力を発揮できる社会であった．サイバー社会は数人の非常に傑出したメンバからなるグループが，数万人の組織を凌駕する働きをする可能性を秘めた社会である[2]．

7.2 サイバー社会を支えるインターネット

悪意をもったユーザの存在を前提としないで設計された学術用のインターネットは，いまや世界中に張り巡らされた巨大なコンピュータネットワークと化している．サイバー社会では，図7.2に示すようにインターネットへの接続環境が社会基盤としてグローバルに拡充し続けている．

(1) 社会基盤としてのインターネット

社会基盤とは，国民が豊かで安心・安全な生活を営むために，利便性を追求し，社会が内包するリスクを軽減するために整備した仕組みのことである．インフラともよばれ，道路，港湾，下水道，河川などの生産基盤や，学校，病院，公園，公営住宅などの生活基盤がある．これらは，私たちの経済活動と生活を支える基盤となっている．

コンピュータをインターネットに接続することにより，ユーザはコンピュー

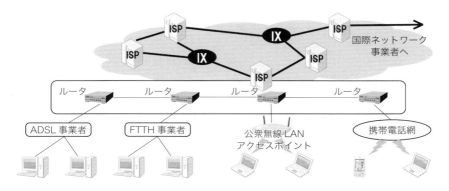

図 7.2　インターネットは巨大なコンピュータネットワーク

タ単体では得られない多くの利点を受けることができる．たとえば，演算・記憶装置やデータを含むソフトウェアを多くのユーザ間で時空間を超えて共有することが可能である．また，多くのサービス提供者からサービスや情報を有償もしくは無償で受けることもできる．このように社会基盤としての役割を担うようになったインターネットを活用して，WWW や電子メールなどのさまざまなネットワークアプリケーションが開発され，オンラインショッピングや SNS などのネットワークサービスが展開されている．

(2) 成長し続けるインターネット

これまでの社会基盤には固定的で安定したイメージがあった．しかし，インターネットは現在も成長し発展し続けている．インターネットは，ネットワーク機能の運営からそこで提供されるサービスに至るまで，多くの部分がソフトウェアによって実装，制御されている．さらに，学術用ネットワークであったという生い立ちから，それらのソフトウェアの運用がユーザにも広く開放されたオープンな形態で行われている．このことは，インターネットに大きな柔軟性や拡張性といった利点をもたらしている．その一方で，技術の成長過程に発生する脆弱性を狙って，盗聴，なりすまし，改ざん，事後否認，システムへの不正アクセスなど悪意をもった攻撃の可能性も同時に生じている．

7.3　コンピュータサービスの進展

インターネットの成長とともに，コンピュータの利用形態も進化している．コンピュータが登場した当初，コンピュータはとても高価で，一つの部屋を占有するくらい巨大なものであった．そのため，図7.3の上段に示すように一つのコンピュータを複数のユーザが使用する集中処理が行われた．その後，7.1節（2）で紹介したようにコンピュータのダウンサイジングとパーソナル化，通信のブロードバンド化が進み，図7.3の中段に示すようにクライアントとサーバの役割分担によるコンピュータサービスが普及した．さらに，メモリの大容量化と低廉化，通信環境のユビキタス化の進展にともなって，図7.3の下段に示すようにサーバ側の処理能力を効率的に高める負荷分散が進んでいる．

本節では，雲の絵で表現されてきたインターネット上で提供されるクラウドコンピューティング，クラウドコンピューティングによって加速されるビッグデータ，ビッグデータを促進するオープンデータとその活用，さらに，サイバー社会の人々をつなぐSNSを紹介する．

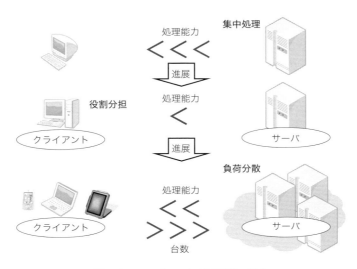

図7.3　コンピュータ利用形態の進化

（1）クラウドコンピューティング

　クラウドコンピューティング（Cloud Computing）は，サーバ側の処理能力を向上させる負荷分散技術と，コンピュータ資源を有効に利活用する仮想化技術によって実現されている．さらに，ビジネス的な観点からは，これまで主流だったオンプレミス（On-premise）とよばれるサーバの社内設置と自社運用から，それらを業務委託するアウトソーシング（Outsourcing）への変化と捉えることができる．業務委託の形態は，以下のとおり分類できる．

- ハウジング（Housing Service）：自社所有のサーバを回線設備の整った専門業者の施設に設置する形態
- ホスティング（Hosting Service）：専門業者が提供する物理的なサーバを利用する形態
- IaaS（Infrastructure as a Service）：専門業者から仮想的なサーバ，CPU，ストレージなどのインフラをサービスとして受ける形態
- PaaS（Platform as a Service）：専門業者からアプリケーションを稼働させるための仮想的な基盤（プラットフォーム）をサービスとして受ける形態
- SaaS（Software as a Service）：専門業者からアプリケーション（ソフトウエア）をサービスとして受ける形態

　上記の分類で，IaaS，PaaS，SaaS は，XaaS とよばれ，仮想化技術によってコンピュータ資源を有効に利活用して，コストを低廉化しているクラウドコンピューティングである．業務委託の度合いが高いほど，利用者自身で用意するものが少なく，早期にサービスを開始できる反面，OS や言語，仕様などの自由度に制限が生じる．また，XaaS 提供事業者の事業継続性やセキュリティ対策への依存度が高まることにも注意する必要がある．

（2）ビッグデータ

　ツイッター（Twitter）やフェイスブック（Facebook）などの SNS の普及，無線タグなどのセンサ技術の進展などにより，インターネットを使って流通する情報量が爆発的に増大している．ビッグデータ（Big Data）は，これらのインターネット上にある膨大なデータであり，広く，深く，速いデータ処理とそれにともなうアクションを可能にするものと期待されている．また，ビッグデー

タは，データベースに格納されている構造化データだけでなく，インターネット上の大半を占める動画などの非構造化データも含んでいる．ビッグデータの代表的な特徴として，以下の3Vがあげられる．

・Volume：規模が大きい
・Variety：データが多様である
・Velocity：データ入出力の頻度が高い

ビッグデータとして蓄積される情報には，個人の行動履歴や購買履歴などに関する情報が従来に比べ数多く含まれている．ビッグデータを利用したサービスは，ビジネス傾向の特定，病気の予防，犯罪の対策など，これまでICTが積極的に活用されていなかった分野においても，ビジネスチャンスの拡大や社会への貢献などを可能とする．

しかし，これまでは単なるデータでしかなかったものが，その組合せやサンプル数が多くなることで個人を特定する情報になり得る．同時に暗号の危殆化や情報の漏えい，とくに利用者の意図しない個人的な情報の収集・利用の危険性といった問題点も存在している．

(3) オープンデータと活用

オープンデータ（Open Data）は，組織が自らの保有するデータをインターネット上に公開する取り組みである．その要件は，コンピュータプログラムが扱える機械判読可能なデータ形式であり，二次利用が可能な利用ルールで公開されていることである．そのため，人手を多くかけずにデータの二次利用を可能とするものといえる．

行政機関が保有するデータを公開すると，以下の効果が期待できる．

・予算や調達情報の公開は，行政の透明性を高め，信頼性の向上につながる
・白書や統計，地図などのデータ公開は，産業界での二次利用を通じたビジネスの活性化が図られる

企業が保有するデータを公開すると，以下の効果が期待できる．

・外部で解析技術を募るようなイノベーションが期待できる
・より金銭的な価値に変えることができる企業に自社内で活用できないデータを提供するデータマーケットプレイスが活性化する
・自社保有のデータを公開することで他社のビジネスを支援しつつ，自社の

ビジネスへのメリットも創出する

公開対象となるデータの中には個人に関するデータ，いわゆるパーソナルデータが含まれている場合もある．このような場合，個人が特定される危険性があるため，プライバシーに対する配慮が不可欠となる．

(4) SNS

SNSは，インターネット上で社会的ネットワークを構築し，ユーザ間のコミュニケーションを支援するコミュニティ型の会員制サービスである．コンピュータのパーソナル化とユビキタス化によって，ツイッターやフェイスブックなどのソーシャルメディアは，個人が自由に情報を発信できる環境を簡便に提供し，世界的に広く普及している．図7.4に示すように，SNSの用途としては，自身の行動や感情を記録するライフログと，ゆるいコミュニケーションを楽しむソーシャルメディアが代表的である．また，SNSの影響力に注目して企業が公式アカウントから情報発信する用途もある．

ライフログは，自らの生活・行動・体験を写真・音声・位置情報などのディジタルデータとして記録に残すことである．観光写真や記念写真だけでなく，毎日の食事やGPSを使ったランニングコースの履歴などが見受けられる．

ゆるいコミュニケーションとは，明示的な意見の交換を前提にせず，特定の誰かに対するメッセージであることを意識させずに，気配や存在を感じさせる

図 7.4 SNS

ものといわれている．そのため，心理的な抵抗感が小さいという特徴が指摘されている．SNS を利用する動機として，「自分の考えや感じたことを発信したい」，「発信する情報を通じて，他人の役に立ちたい」などが報告されている．

SNS は会員制サービスであるが，フェイスブックのように実名公開を基本とするものと，ツイッターのように仮名でよいものがある．このような SNS の利用において，サイバー社会内でのコミュニケーションによる気疲れが報告されている．SNS 疲れとよばれ，SNS の長時間利用にともなう精神的・身体的疲労のほか，自身の発言に対する反応を過剰に気にしたり，知人の発言に返答することに義務感を感じたり，不特定多数のユーザからの否定的な発言や暴言に気を病んだりすることを指す．

コンピュータサービスの進展は，私たちの生活を便利にし，新しいビジネスチャンスを生み出そうとしている．その反面，クラウドサービスへの依存度が高まるため，個人情報やプライバシー，情報倫理といった情報セキュリティに十分な注意が必要である．

7.4 メディアとしてのインターネット

インターネットは，サイバー社会を支える社会基盤であるだけでなく，人類のメディア発展史上，電話やテレビ以上に画期的なメディアでもある[3]．従来のメディアと比較したイメージを図 7.5 に示し，以下にその理由を説明する．

(1) マルチメディア

インターネットは，人間がコミュニケーションに駆使している視覚・聴覚的情報を文字・音声・静止画・動画といった形式でほぼすべてやりとりできる．そのため，新聞，雑誌，電話，映画，ラジオ，テレビといった従来のメディアがまちまちに提供してきたものと同等の情報を，インターネットだけでほとんどすべて受発信できる．

(2) 受発信・保存容易性

インターネットによる情報は，1 対 1 でも 1 対多でも双方向的に自由に受発信できる．また，その情報はサーバやパソコンなどに容易に保存できる．

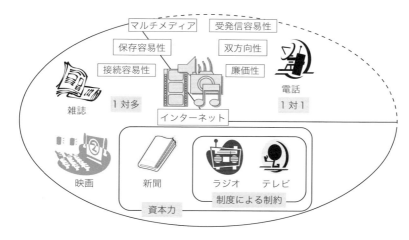

図 7.5　メディアとしてのインターネット

(3) 接続容易性

ラジオやテレビは公共の資源である電波を利用するため，国家などの制度によって発信の制約を受けるが，インターネットは原則的にそのような制約を受けない．そのため，個人が自由に情報発信することができる．また，ラジオやテレビは，情報の授受にあたって制度とリンクした行政地域や国家といった地理的な障壁が存在する．しかし，インターネットはそれらが取り払われたグローバルな接続環境を提供している．

(4) 廉価性

新聞，ラジオ，テレビは，コンテンツの制作や配給システムに膨大な資本力を必要とする．しかし，インターネットはそうした大きな資本力を必要とせず，その気になれば，個人のパソコンから自分の意見や心情，作品などを世界中の人々に発信することができる．また，情報の受容も，新聞や雑誌のパッケージごとの対価支払いや，テレビの受信料に相当するものは不要である．インターネットでは，多くの情報やコンテンツが実質的に無料で享受できる．

すなわち，インターネットは，ほとんどコストをかけず，誰でも直接大衆に自らの表現物や意見を提供できる媒体を提供している．以上のような特性から，インターネットは，文字の発明以降，メディアとして最大級の社会的影響を与えるものであり，現実に人類の産業形態，生活を大きく変えつつある．

7.5 複雑化するサイバー社会の脅威

メディアとしての機能も兼ね備えたインターネットを社会基盤とするサイバー社会では，スマートフォンや SNS の急速な普及によるライフスタイルの劇的な変化だけでなく，サイバー攻撃による国際問題など，これまで想像し得なかった新たな脅威も生み出している．図 7.6 に情報・通信サービスにおける従来からの情報セキュリティ問題と，新たな問題の発生や問題の多様化によって国際政治や安全保障の問題と化した脅威のイメージを示し，以下に解説する[4]．

(1) サイバー攻撃

サイバー攻撃は，インターネットの接続容易性を悪用して，パソコン上の情報窃取やハッキングを行う犯罪である．情報窃取は，インターネットにおける従来からの脅威であるコンピュータウイルスを使って行われる．ハッキングは，正規の認証を回避してサーバに不正にアクセスする．なお，サイバー社会のリスクとセキュリティ対策については，10 章で紹介する．

サイバー攻撃が行われる背景には，金銭・経済的な狙いがあるといわれており，年々被害規模も増大している．2013 年の統計では，全世界で年間 3 億 7,800 万人が被害に遭っており，国内では年間 400 万人がサイバー攻撃の被害に遭っ

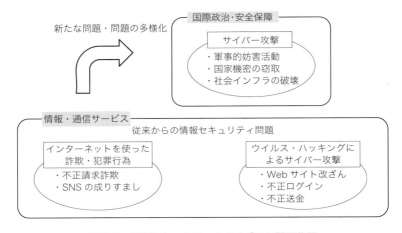

図 7.6　情報セキュリティのさまざまな問題分野

ているという. 攻撃者は，インターネット上でグローバルに活動しているため，攻撃のターゲットは企業・組織から一般ユーザまで広範囲にわたる. その狙いは金銭・経済的な価値を有する情報で，高度なコンピュータ技術を駆使した手法やインターネット上に公開されているツールを使い窃取している.

(2) 第5の領域としてのサイバー空間

このような社会問題に対して，陸・海・空・宇宙空間に次ぐ5番目の社会領域として「サイバー空間」が米国政府により2011年に定義された. サイバー空間は，ICTを用いて情報をやりとりするインターネットを中核とした仮想的領域のことである. この概念の背景には，従来の四つの領域と同じくサイバー空間も，国際政治，国際公共財（Global Commons）などで扱うものとして捉えられていることがある. サイバー空間は，外交・安全保障，軍事作戦などを目的とした領域として認識され，サイバー攻撃は，国際政治の問題としても扱われるようになった. 今日のサイバー空間は，社会，経済，軍事などのあらゆる活動が共存する場となっている.

サイバー攻撃は，国際政治，外交・安全保障や軍事分野にまで多様化した問題であるが，個人や企業・組織によって問題の意味合いも異なってきている. 脅威は，すべてのユーザや組織に一様に降りかかるものではなく，攻撃者の意図やターゲットの環境，そして問題分野により受ける影響が異なる. どの脅威がどのような形で自身や自組織に影響するかを考えて対応を検討することが大切である.

7.6　サイバー社会における企業の情報セキュリティ

サイバー社会でビジネスを展開する一般企業や，サービスを提供する自治体などの公共機関（以下，これを合せて企業とよぶ）では，機密情報の漏えいや金銭詐欺，サービスの妨害など，事業の継続を脅かす重大な事件が増加している. このような状況の中で，企業ではさまざまな脅威からコンピュータネットワークを含むコンピュータシステムを守ることがますます重要になっている. 企業ネットワーク（LAN）のここ数十年の発展を振り返り，そこで必要とされた情報セキュリティを取り上げる[5].

(1) 企業内の電子化

1980年代のLANは，企業内部の情報共有と情報利活用を主な目的としていた．企業内活動を効率化するために，データや情報を蓄積したデータベースサーバやファイルサーバがLANに接続された．企業の従業員は，同じくLANに接続されたパソコンを使って，必要に応じてデータや情報を共有し利活用した．図7.7に示すように，企業内の機器をLANで接続することによって，オフィスの電子化を進めることになった．情報セキュリティに関しては，従業員の故意もしくは不注意による電子情報の流出防止がもっとも大切であった．この問題は，現在も解決されておらず，とくに個人情報の漏えい事件が問題となっている．

(2) 企業間の電子商取引

LANによって企業内の電子化が進行した次の段階では，LANは企業間の商取引（B2B：Business to Business）に活用された．複数の企業間で商取引のためのデータ（注文書，請求書など）を，通信回線を用いてコンピュータ機器間で交換する電子データ交換（EDI：Electronic Data Interchange）が進められた．1990年代前半は，複数のLANをつなぐ通信回線として専用線が多く用いられたが，インターネットの商用化にともなって，図7.8に示すように，廉価なインターネットでLANをつなぐようになった．

インターネット接続では，不特定多数のLANが接続されるため，通信している相手が本当に正しい企業であることを確認する相手認証が重要である．ま

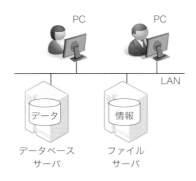

図7.7　オフィス内の情報共有

図 7.8 インターネットによる LAN 間接続

た，インターネットは，オープンな通信回線であるため，そこを流れるデータの盗聴や改ざんを防止する暗号化などの手段が，情報セキュリティとして重要視されるようになった．

(3) ネットビジネス

2000 年代にインターネットが一般家庭まで広く普及すると，企業における LAN の役割はさらに変化した．インターネットは，企業の LAN と一般ユーザのパソコンを世界規模で直接接続する役割を担うようになった．企業がインターネットに接続する LAN を構築すれば，世界中のユーザを相手にネットビジネスを実行できるようになった．また，ネットオークションや仮想通貨といったネットビジネスのみを行う企業も登場した．ネットビジネスを行う企業では，土地や店舗などの不動産がなくても世界中の顧客を相手にできるため，ビジネス効率が大きく向上した．結果として，企業が一般顧客を相手とする B2C (Business to Consumer) をインターネット上で行うケースが劇的に増えた．

しかし，ネットビジネスを行う企業は，インターネットを通して世界中のパソコンとつながっており，不特定多数のコンピュータ機器からの攻撃を受けることもある．その結果，企業のビジネス活動が停止されたり，破壊されたりする可能性もある．サイバー社会の情報セキュリティは，図 7.9 に示すように，SSL，PKI，データベース（DB）の暗号化，VPN，署名といった 9 章で紹介する技術によって守られている．

7.7　サイバー社会における個人の情報セキュリティ

サイバー社会はコンピュータネットワークを基盤としているため，目に見えない相手と情報をやりとりすることが多い．現実の対面による人間相手のやり

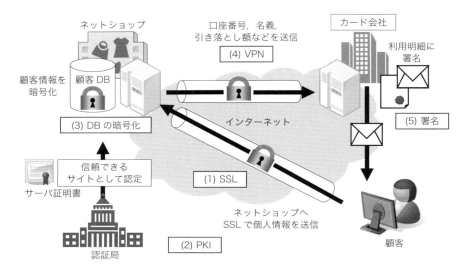

図 7.9　ネットビジネスのための情報セキュリティ

とりとはまったく異なり，安心・安全な環境の実現がとくに重要な要件となる．そこでは，ユーザにとって便利な環境であっても，コンピュータネットワークの機能やサービスを悪用すれば，凶器と化してしまうことがある．悪意をもった行為は，ユーザのパソコンを遠隔から自由に操るボット，本物そっくりの偽サイトに誘導しクレジットカード情報を盗み取るフィッシング詐欺，ユーザの好奇心に付け込んで不正な請求を行うワンクリック請求など，手口が多様化かつ巧妙化している．これらのかつてない急激な変化にともなって，さまざまな脅威や事件が発生し社会問題と化している．サイバー社会のリスクとセキュリティ対策については，10 章で詳細に紹介する．

本節では，個人の情報セキュリティとして，急速にユーザが増加している機器であるスマートフォン，普及が著しいアクセス環境である無線 LAN，情報の受発信の問題である風評被害を取り上げる．

(1) スマートフォン

スマートフォンは，各種機能を実現するプログラムアプリケーション（以下，アプリとよぶ）を自由に追加することができる．たとえば，ネット上の動画を見る，オンラインゲームで友達と遊ぶなど，それぞれ専用アプリをインストー

ルすることでさまざまな用途に利用することができる．その機能は，従来の携帯電話端末の延長線上で考えるよりパソコンに近い．スマートフォンの普及拡大とともに，パソコンに対する脅威が，同様にスマートフォンの脅威となる．さらに，携帯電話端末のように常時身に着けていることの多いスマートフォンは，操作を許可していない電話機能や位置測位機能（GPS：Global Positioning System）が悪用され，プライバシー侵害の被害が生じる恐れがある．

(2) 無線 LAN

　無線 LAN は，ケーブルなしに自在にインターネット接続できる利便性の高さから家庭やオフィスにとどまらず，駅や店舗といった街中にも急速に普及してきている．しかし，無線 LAN の電波は屋外やビル外にも達することがあり，簡単にキャッチできるため，セキュリティ設定を怠ると，アクセスポイントの無断使用や社内ネットワークへの侵入など，思わぬ被害を受けることがある．

(3) 風評被害

　風評被害は，安全であるにもかかわらず，事故が起きた周辺の関係者が経済的被害をこうむることである[6]．企業における風評被害は，経営者や従業員が安全と思っているにもかかわらず，「あの企業の経営は危ない」「倒産寸前だ」という悪い評判が立つことで起きる．このような評判を立てられた時点で，被害額の多寡にかかわらず，なんらかの形で被害を受ければ，すべて風評被害に当たる．インターネットは，ほとんどコストをかけず，誰でも直接大衆に自らの表現物や意見を提供できるメディアを提供している．そのため，サイバー社会は誰もがメディアの影響を受ける情報過多の社会である．ツイッターやメールで，うわさを広めていく人のほとんどは，それらを正確な情報，真実の情報と信じて，できるだけ多くの人に伝えようとして流している．したがって，うわさを流しているという自覚はない．そのため，単に注意を促したところで，うわさが止むことはない．うわさが広まるのは，情報過多の社会であるにもかかわらず，情報不足によって不安が解消されないことが原因である．サイバー社会に求められる心構えの一つとして，少数派の情報も排除・軽視せず，それを支持する意見が抑圧されない風土の構築と，情報の真偽や質を評価する鑑識眼の育成が重要となる．

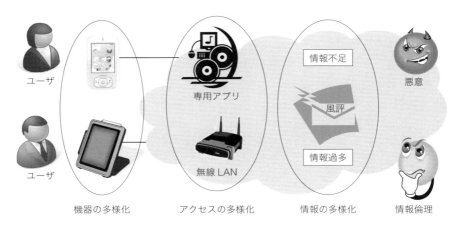

図 7.10　個人の情報セキュリティ

　サイバー社会では，扱う機器の多様化，アクセス先・アクセス手段の多様化，情報の過不足を含む多様化によって，インターネットへの接続環境が一層複雑化してきている．その様子を図 7.10 に示す．ICT に携わる者，そしてその成果を利用する者の両者において，ICT の人間，時間，空間のあり方への影響を誠実に思索する姿勢そのものが情報倫理である．社会基盤としてのコンピュータネットワークをただ守るだけでなく，コンピュータネットワークのリスクをユーザやシステム管理者が正しく理解し，脅威を常に意識して行動し，組織やコミュニティの強みとして情報を積極的に活用していくことが重要だと考えられる．

8
情報セキュリティの役割

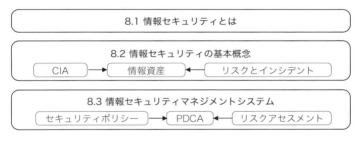

本章の構成

インターネットへの依存度の増大したサイバー社会では，従来からの問題であるインターネットを使った詐欺・犯罪行為や，コンピュータウイルスやハッキングによるサイバー攻撃に加えて，抗議や諜報目的のサイバー攻撃が顕在化している．このような国家を巻き込んだ大規模な攻撃に対して，情報システムとネットワークを守る情報セキュリティの重要性を理解する必要がある．また，情報セキュリティを強化するために私たち自らができることを強く認識すべきである．加えて，情報セキュリティを正しく理解し，情報セキュリティに関わる事件に対する予防，検出および対応のために，タイムリーにかつ協力的な方法で行動すべきである．

本章では，前頁に示す構成で，情報セキュリティの基本概念と，情報セキュリティを体系的にとらえた情報セキュリティマネジメントシステムを紹介し，情報セキュリティとは何かを学習する．

8.1 情報セキュリティとは

情報セキュリティは，正当な権利をもつ個人や組織が，情報やシステムを意図どおりに制御できることである．インターネットが普及し始めた当初は，パソコンやサーバを攻撃対象として，いたずら目的でコンピュータウイルスなどを感染させることが主流であった．そのため，情報セキュリティは，パソコンやサーバを保護することであった．

その後，攻撃の目的に金銭取得が加わり，攻撃対象を人やサービスに拡大した情報漏えいや不正送金が横行し始めた．そのため，情報セキュリティは，企業や組織の社会的責任（CSR：Corporate Social Responsibility）を果たすことが付け加えられた．とくに企業が法令を遵守することはCSRの基礎となり，法令に違反すれば，顧客や株主，取引先などの利害関係者からの信頼を失うだけでなく，取引停止や顧客離れ，損害賠償などの経営問題に発展しかけない状況となってきている．企業の経営理念として法律適合性を定め，それに従って行動する企業風土の確立が望まれている．

さらに近年では，世界的に広く普及したスマートデバイスや，人々の生活に直結した重要インフラを攻撃対象とした抗議目的，諜報目的の攻撃が顕在化し

表 8.1 情報セキュリティの変化

	2001〜2003年	2004〜2008年	2009〜2012年
セキュリティの意味	サーバやPCの保護	企業や組織の社会的責任	危機管理と国家安全保障
攻撃の意図	・いたずら目的	・いたずら目的 ・金銭目的	・いたずら目的 ・金銭目的 ・抗議目的 ・諜報目的
攻撃対象	PC，サーバ	人，情報サービス	・スマートデバイス ・重要インフラ
主な事件	・Nimuda 流行 ・Code Red 流行 ・SQL Slammer 流行	・P2Pソフト情報漏えい ・不正アクセス情報漏えい ・スパイウェア不正送金	・政府機関，金融機関を狙ったサイバー攻撃

てきた．そのため，情報セキュリティは，危機管理や国家安全保障といった観点から対策を講じる必要を含むようになった．独立行政法人情報処理機構（IPA）が発表している情報セキュリティの変遷[1]からの抜粋を表 8.1 に示す．

8.2 情報セキュリティの基本概念

情報セキュリティの目標は，正当な権利をもつ個人や組織が，情報や情報システムを意図どおりに制御できる環境を継続的に維持することである．本節では，情報セキュリティの基本概念として，情報セキュリティの CIA，情報資産，リスクとインシデントを整理する[2]．

(1) 情報セキュリティの CIA

情報セキュリティを保つためには，情報の機密性（Confidentiality），完全性（Integrity），可用性（Availability）を維持することが求められる．これを情報セキュリティの CIA とよぶ．

機密性は，許可された利用者だけが情報にアクセスできることである．機密性を保つための技術である暗号化や認証を適切に実施することによって，不正な利用者による情報漏えいを防ぐことができる．

完全性は，情報および処理方法が正確で完全であること，および完全であることを保護することである．完全性を保つための技術であるディジタル署名を適切に実施することによって，データの改ざんを防ぐことができる．

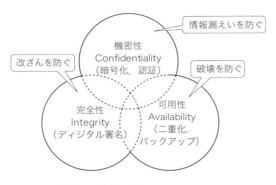

図 8.1　情報セキュリティの CIA

　可用性は，許可された利用者が必要なときに情報にアクセスできることである．可用性を保つための技術であるシステムの二重化やデータのバックアップを適切に実施することによって，システムや情報の破壊による被害を防ぐことができる．情報セキュリティの CIA の模式図を図 8.1 に示す．

(2) 情報資産

　情報セキュリティ上の脅威から守るべき情報やシステムなどの資産を情報資産という．

　情報資産としての情報は，自社の重要な情報と他社から預かった重要な情報に大別できる．自社の重要な情報には，戦略情報，財務情報，人事情報，個人情報として顧客情報などがあげられる．他社から預かった重要な情報としては，顧客情報，営業秘密などがあげられる．このようなデータのほかに，システムの運用管理および保守に必要な電子化された文書や，ノウハウも情報資産に含まれる．さらに，公開されている情報であっても改ざんされると社会的信用を失うような情報も情報資産に含まれる．

　一方，情報資産としてのシステムには，パソコン，サーバ，通信機器，ケーブルなどのハードウェアがある．また，インターネットに接続する企業内ネットワークや，アプリや OS といったソフトウェアも情報資産である．

(3) リスクとインシデント

　内外の要因（脅威）によって情報資産が損なわれる可能性をリスクという．一方，実際に情報資産が損なわれてしまった事態をインシデントという．

外部からの攻撃には，コンピュータウイルスによる感染，不正アクセスによる情報漏えい，システムの限界を超えた大量なアクセスによるサービス妨害などがある．

内在する要因には，外部からの攻撃ターゲットとなりやすいセキュリティホール（欠陥）として，ソフトウェアの脆弱性，セキュリティ機能の欠如がある．ソフトウェアの脆弱性を突いた攻撃は，日々新たな手口が企てられており，脆弱性を解消するためのプログラムがベンダー（販売事業者）から適宜提供されている．ソフトウェアやOSを更新するアップデートは，情報セキュリティ対策の第一歩である．セキュリティ機能の欠如は，システム設計に起因するものと，通信機器などの設定をデフォルトのまま使い続ける運用に起因するものがある．ともに情報セキュリティに対する企業や組織としての真剣な取組みが望まれる．具体的なリスクとセキュリティ対策については，10章で紹介する．

上述のソフトウェアやハードウェアのほかに，内在するセキュリティホールには，故意もしくは不注意による人間の行動があげられる．これはセキュリティモラルの欠如に起因しており，セキュリティモラルの向上には，情報リテラシと情報倫理の保持が重要である．情報リテラシは，情報機器やネットワークを活用する基本的な能力であり，情報倫理は，サイバー社会で必要とされる道徳やモラルである．インターネットは匿名性が高いメディアであるため，倫理観を欠いた行為が起こりがちである．情報リテラシを習得したうえで，誹謗・中傷をしない，プライバシー侵害をしない，著作権侵害をしないなど，個々のユーザが情報倫理を自覚して行動することが大切である．社会の一員としての情報セキュリティに関しては，11章で詳細に紹介する．

情報資産と内外の要因（脅威）の概略を図8.2に示す．

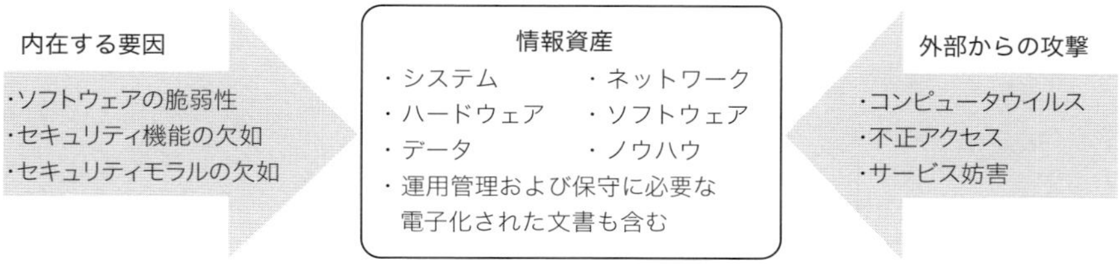

内在する要因
・ソフトウェアの脆弱性
・セキュリティ機能の欠如
・セキュリティモラルの欠如

情報資産
・システム　　・ネットワーク
・ハードウェア　・ソフトウェア
・データ　　　・ノウハウ
・運用管理および保守に必要な電子化された文書も含む

外部からの攻撃
・コンピュータウイルス
・不正アクセス
・サービス妨害

図8.2　情報資産と内外の要因（脅威）

8.3 情報セキュリティマネジメントシステム

　情報セキュリティの目標は，正当な権利をもつ個人や組織が，情報や情報システムを意図どおりに制御できる環境を継続的に維持することである．情報セキュリティを効率的に確保・維持するための技術的，物理的，組織的仕組みとして，情報セキュリティマネジメントシステム（ISMS：Information Security Management System）がある．技術的セキュリティは，9章「情報セキュリティの基本技術」で紹介する．物理的セキュリティには，耐火設備や免振装置などの災害対策，コンピュータ室への入退室管理，鍵付き収納庫などによる機密文書管理，シュレッダや溶解処理などの廃棄管理などがある．組織的セキュリティとしては，組織と体制，セキュリティポリシー，運用ルール，教育と訓練，契約，事業継続計画などがある．

　本節では，ISMSの主要な構成要素であるセキュリティポリシー，PDCAサイクル，リスクアセスメントを紹介する．

(1) セキュリティポリシー

　セキュリティポリシーは，基本ポリシーとよばれる基本方針と，スタンダードとよばれる対策基準から構成される．

　基本方針では，なぜ情報セキュリティが必要かを規定し，何をどこまで守るかという対象範囲と，誰が責任者であるかを明確にする．基本方針において，組織の経営者が情報セキュリティに本格的に取り組む姿勢を宣言することが重要である．そのためには，情報セキュリティの目標と，その目標を達成するために企業がとるべき行動を社内外に示すべきである．

　対策基準は，情報セキュリティを確保するために遵守すべき規定であり，業界標準や該当する法令，政府規制を含む場合がある．また，対策基準を実施するための詳細な手順書であるプロシージャとよばれる実施手順が作成される．セキュリティポリシーの構成を図8.3に示す．

(2) PDCAサイクル

　ISMSに沿った取組みを効率よく，かつ漏れがないように推進するためには，Plan（計画），Do（実施），Check（点検・監査），Act（見直し・改善）からなるPDCAサイクルを継続的に繰り返すことが重要である．図8.4にPDCA

8.3 情報セキュリティマネジメントシステム　　153

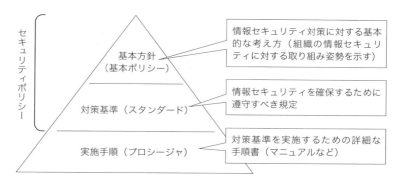

図8.3　セキュリティポリシーの基本方針と対策基準

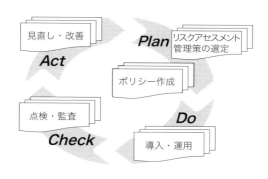

図8.4　PDCAサイクル

サイクルの概念を示す．

　最初のPlanでは，経営層を含む組織内の体制を確立し，セキュリティポリシーを策定する．Doでは，コンピュータウイルス対策ソフトやファイアウォールなどのセキュリティ装置を導入し，セキュリティポリシーの周知徹底と組織構成員への教育を行う．Checkでは，ログ解析などによりネットワーク状況や不正アクセスを監視し，セキュリティ対策の効果を評価する．Actでは，監視結果や評価にもとづき，あらかじめ計画していた改善策を施す．2巡目のPlanでは，リスク因子の特定と影響を算定し，リスクの大きさを評価するリスクアセスメントを行い，導入すべき対策であるセキュリティ管理策を取捨選択する．PDCAを繰り返すことにより，組織全体のセキュリティ対策の目標達

成レベルを維持改善することができる．

(3) リスクアセスメント

着目する情報資産のリスクは，リスクが発生する可能性を縦軸，リスクが発生する際の損害の大きさを横軸にとってマッピングすることができる．ここでリスクの発生可能性は，着目する情報資産に対する脅威と，情報資産自身が抱えている脆弱性の積で表現できる．また，損害の大きさである影響度は，着目する情報資産の価値で表現できる．リスクへの対応は，図8.5に示すように，リスクの低減，回避，移転，保有の4つに分類できる．

- リスク低減：有効なセキュリティ管理策を採用し，リスク発生の可能性を低減させ，リスクが顕在化した場合の影響度を低減させることである．ここでセキュリティ管理策としては，ファイアウォールの設置，暗号化装置の採用，社員教育などがある．
- リスク回避：業務の廃止，不要なデータの破棄などリスクを生じさせる原因を排除することである．
- リスク移転：契約などによりリスクを他者に移転することである．たとえば，外部委託によるアウトソーシング，リスクファイナンスによる保険などがある．
- リスク保有：すべての脅威を取り除くことはほとんど不可能であるため，リスクの低減によって許容できるレベルまで最適化できたリスクを受容することである．

リスクの影響度は，個人情報漏えいの場合，経済的損失と精神的苦痛を考慮した損害賠償額で試算することができる．個人情報は，図8.6に示すように，基本情報，経済的情報，プライバシー情報に分類できる．基本情報としては，氏名，住所，生年月日，性別，メールアドレス，健康保険証番号などが該当する．経済的情報としては，口座番号と暗証番号，クレジットカード番号とカード有効期限，銀行のアカウントとパスワードなど，漏えいした際の経済的損失が高いものが該当する．遺言書の漏えいなどは経済的損失が高くかつ精神的苦痛も比較的高いといえる．プライバシー情報の中では，病状，信条，思想，宗教などが漏えいした際の精神的苦痛が高い．

正当な権利をもつ個人や組織が，情報や情報システムを意図どおりに制御で

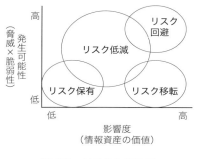
図 8.5 リスクへの対応

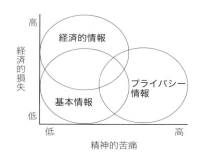
図 8.6 個人の情報資産

きる環境を継続的に維持するための情報セキュリティは，サイバー社会の進展とともにその意味が変化してきている．しかし，基本的な考え方や，効率よく管理する仕組みは変わらない．9章以降では，情報セキュリティを支えている基本技術と，個人レベルおよび組織としての情報セキュリティ対策を学習する．

9
情報セキュリティの基本技術

```
┌─────────────────────────────────────────────┐
│            9.1 パスワード                    │
└─────────────────────────────────────────────┘

┌──────────────────────────┐ ┌──────────────────────────┐
│   9.2 ファイアウォール    │ │     9.3 暗号技術          │
│ ┌──────────────────────┐ │ │ ┌──────────────────────┐ │
│ │ パケットフィルタリング │ │ │ │   共通鍵暗号方式      │ │
│ └──────────────────────┘ │ │ └──────────────────────┘ │
│ ┌──────────────────────┐ │ │ ┌──────────────────────┐ │
│ │ プライベート IP アドレス│ │ │ │   公開鍵暗号方式      │ │
│ └──────────────────────┘ │ │ └──────────────────────┘ │
│ ┌──────────────────────┐ │ │ ┌──────────────────────┐ │
│ │アプリケーションゲートウェイ│ │ │ │    ディジタル署名     │ │
│ └──────────────────────┘ │ │ └──────────────────────┘ │
│ ┌────────┐ ┌────────┐   │ └──────────────────────────┘
│ │  DMZ   │ │  IDS   │   │ ┌──────────────────────────┐
│ └────────┘ └────────┘   │ │   9.4 暗号危殆化問題      │
│ ┌──────────────────────┐ │ └──────────────────────────┘
│ │パーソナルファイアウォール│ │
│ └──────────────────────┘ │
└──────────────────────────┘

┌─────────────────────────────────────────────┐
│              9.5 認　証                      │
│ ┌────────┐ → ┌────────────┐ ← ┌──────────┐ │
│ │ 認証局 │   │ディジタル証明書│   │公開鍵基盤│ │
│ └────────┘   └────────────┘   └──────────┘ │
└─────────────────────────────────────────────┘

┌─────────────────────────────────────────────┐
│         9.6 セキュリティプロトコル            │
└─────────────────────────────────────────────┘
```

本章の構成

情報セキュリティは，正当な権利をもつ個人や組織が，情報やシステムを意図どおりに制御できることである．8.3 節で紹介した情報セキュリティマネジメントシステムでは，技術的，物理的，組織的仕組みを用いて，情報セキュリティを効率的に確保・維持することに努めている．技術的仕組みとしては，正当な権利をもつユーザを認証し，ユーザの権限に応じて利用できる情報（サービスを含む）やシステム（機器を含む）へのアクセスを制御することが要件となる．正当な権利をもつユーザを認証する技術としては，いまのところパスワードが多用されている．インターネット接続された環境でアクセスを制御する技術としては，ファイアウォールが代表的である．また，インターネットで行われる認証には，近年の暗号技術の発展が不可欠であった．

本章では，前頁に示す構成で，情報セキュリティを支えているさまざまな基本技術をわかりやすく解説し，セキュリティ対策を講じるために必要な基礎知識を学習する．ここで紹介する技術は，いずれもインターネットを社会基盤とするサイバー社会で身近に使われているものである．

9.1 パスワード

パスワードに代表されるユーザ認証は，正規ユーザを識別し，不正利用者がシステムに侵入できない機能を提供している．一方，アクセス制御は，正規ユーザであっても，その権限に応じて利用できる情報を制限する機能を提供している．システムにおけるユーザ認証とアクセス制御の概念図を図 9.1 に示す．

パスワード（Password）は，パソコンやスマートフォンなどの機器を利用するためのユーザ認証だけでなく，サイバー社会では，インターネット上のサービスを利用する場合にも必要となってきている．パスワードは，システムやサービスの入口で情報セキュリティを守るもっとも重要な仕掛けの一つである．図 9.2 に示すように，インターネット上のサービスには，メールや SNS などのコミュニケーション系サービス，オンラインストレージなどのネットサービス，音楽配信・電子書籍やオンラインゲームなどのコンテンツ系サービス，旅行サイトや家電量販店のサイトなどの購入サイト，クレジットカードやオンラインバンキングなどの金融・決済系サービスなどがある．これらのサービスごとに

158　9　情報セキュリティの基本技術

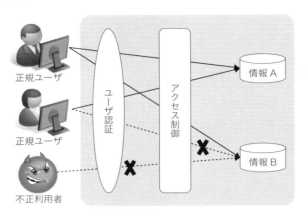

図 9.1　ユーザ認証とアクセス制御

パスワードが必要であり，ユーザが管理すべきパスワードは増え続けている．
　パスワードの管理は，大半が個人に委ねられているので，パスワードの設定は，セキュリティポリシーなどで規定されていることが多い．パスワードを設定する際には，不正アクセスなどの被害に遭わないように，以下の三つを守るべきである．
　1)　サービスごとに異なるパスワードを設定する．
　2)　誕生日など類推されやすいパスワードを避け，桁数を多くし数字や記号も混ぜて複雑で推測できないものにする．パスワードを定期的に変更す

図 9.2　さまざまな用途に用いられるパスワード

ることも有効である．
3) パスワードを安易にメモせず，他人の目に触れないようにする．

9.2 ファイアウォール

ファイアウォール（Firewall）は，インターネットと内部ネットワーク（LAN）の境界線上で，アクセス制御を行う装置である．ファイアウォールが行う主なアクセス制御は，パケットの選別を行うパケットフィルタリング，LAN の構造を外部に見せないプライベート IP アドレスの割当て，アプリケーションプロトコルにもとづいて外部からの不正なアクセスを排除し必要なアクセスだけを通過させるアプリケーションゲートウェイの三つである．さらに，外部からのアクセスを許す DMZ，不正なアクセスを検知する IDS，パーソナルファイアウォールなどの関連技術がある．図 9.3 にファイアウォールの概念図を示し，以下にそれぞれの技術を紹介する．

(1) パケットフィルタリング

パケットフィルタリングでは，IP パケットや TCP パケットのヘッダ情報にもとづいて，通過させるパケットと通過させないパケットを選別する．通常は，

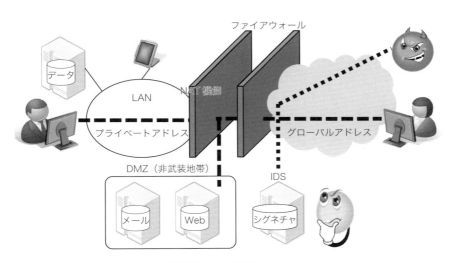

図 9.3 ファイアウォール

通過を許可するパケットだけを指定する．IPパケットのヘッダには，送信元IPアドレスや相手先IPアドレスなどの情報が含まれている．TCPパケットのヘッダには，送信元ポート番号や相手先ポート番号などの情報が含まれている．

(2) プライベートIPアドレス割当て

プライベートIPアドレスは，組織や会社内の閉じたLAN内のみで使用できる独自に割り当てられたIPアドレスであり，そのままではインターネットにアクセスできない．一方，グローバルIPアドレスは，インターネットに接続する各機器に一意に割り当てられたIPアドレスである．プライベートIPアドレスをグローバルIPアドレスに変換し，インターネットへのアクセスを可能にする技術がネットワークアドレス変換技術（NAT：Network Address Translation）である．ファイアウォールで，グローバルIPアドレスとプライベートIPアドレスを変換し，外部からは実際のプライベートIPアドレスがわからないようにすることによって，外部からの不正アクセスを防ぐ利点が生まれる．

(3) アプリケーションゲートウェイ

アプリケーションゲートウェイ（Application Gateway）は，HTTP（Webアクセス），FTP（ファイル転送），POP（メール受信），SMTP（メール送信）などのアプリケーションプロトコルごとにアクセスの許可・禁止を制御している．

(4) DMZ

インターネットに公開するWebサーバやメールサーバを運用する場合は，外部からこれらにアクセスできるようにしなければならない．そこでファイアウォールの外に，外部からアクセス可能なDMZ（DeMilitarized Zone：非武装地帯）とよばれるゾーンを設け，ここに外部からアクセスを許可するWebサーバやメールサーバを置いている．DMZは非武装地帯を意味する軍事用語であり，外部公開用のゾーンが果たす役割から命名されている．このときDMZと外部との間にもファイアウォールを設け，公開しているサービス以外のパケットを受け付けないようにする．

攻撃者はWebサーバやメールサーバの弱点，セキュリティホールを突いて侵入しようと試みる．このため，DMZで外部に公開するサーバは使用するソフトウェアのセキュリティホール対策を十分に行い，誤った設定によって外部

からの侵入を許さないようにしておかなければならない．
(5) IDS
　ネットワーク経由での侵入を監視し，検知する製品としてIDS（Intrusion Detection System：侵入検知システム）がある．IDSではあらかじめ不正アクセスのパターンをシグネチャとして登録しておき，ネットワークを常に監視して，不正アクセスに類似したパターンが現れたときにシステム管理者に通報する．ファイアウォールとIDSをあわせて使用することによって，ログ分析の手間が省け，不正アクセスを効果的に遮断するなどの対策を講じることができる．また，IDSの防御機能を強化して，不正アクセスを検知すると自動的にアクセスを遮断する機能を備えたIPS（Intrusion Prevention System）がある．

　ファイアウォールも万全ではない．ファイアウォールを設置しても，DoS攻撃やコンピュータウイルスは防げないこともある．過信せずにあらゆるセキュリティ対策を行うことが肝要である．
(6) パーソナルファイアウォール
　インターネットに常時接続する個人ユーザにとっては，パーソナルファイアウォール(Personal Firewall)が効果的である．Windowsの簡易ファイアウォール機能をはじめ，コンピュータウイルス対策ソフトウェアと組み合せたものなどさまざまな製品が発売されている．

9.3 暗号技術

　情報セキュリティは，8.3節で紹介したISMSを運用することによって，効率的な確保・維持を目指している．ISMSのセキュリティ管理策として，セキュリティ製品やシステムの導入があげられている．これらの製品やシステムには，数学的な裏付けをもつ暗号技術が採用されている．暗号技術は，共通鍵暗号方式と公開鍵暗号方式に大別される暗号アルゴリズムと，暗号アルゴリズムを組み合せた暗号プロトコルから構成される暗号モジュールとして，セキュリティ製品やシステムに実装されている．その概念図を図9.4に示す．

　暗号（Cryptography）は，ある一定の法則（アルゴリズム：Algorithm）にもとづいてデータを変換し，元のデータ（平文：Plaintext）を第三者に知ら

図 9.4　情報セキュリティと暗号

れないようにする技術である．暗号技術を用いて平文を暗号文（Ciphertext）に変換することを暗号化（Encryption）という．正規の鍵（Key）を使用して，暗号文をもとの平文に戻すことを復号（Decryption）という．暗号化と復号の概念図を図 9.5 に示す．一方，類似の言葉に「解読」がある．これは正規の鍵を使用せずに別の方法で暗号を解くこと，あるいは正規の鍵を推定することを意味する．なお，暗号文を復号すると平文になるが，復号文にはならないので，暗号化の逆変換を復号とよび，復号化とはよばない．

(1) 共通鍵暗号方式

　共通鍵暗号方式（Common Key Cryptosystem）は，図 9.6 に示すように，暗号化と復号に「同じ鍵」（共通鍵）を用いる暗号方式である．

　共通鍵暗号方式のアルゴリズムには，換字方式と転置方式がある．換字方式は，どの文字をなんという文字に置き換えるかを示す変換表を使って文字単位でほかの文字に変換する．転置方式は，メッセージの中の文字を一定の法則で入れ替える．換字方式で使用する変換表や，転置方式の場合の何文字目の文字と入れ替えるかといった数字の並びが鍵である．換字方式のシンプルな例とし

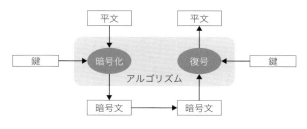

図 9.5　暗号化・復号の概念図

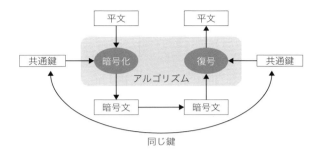

図 9.6　共通鍵暗号方式

て，図 9.7 に示すように，「ひらがな（あいうえお…）の各文字を 3 文字後ろにずらす」がある．ここで，「後ろにずらす」がアルゴリズムで，3 文字が鍵である．この暗号アルゴリズムは，シーザー暗号ともよばれ，紀元前 1 世紀には使用されていた．

　現代の共通鍵暗号方式としては，DES（Data Encryption Standard），トリプル DES（Triple DES），AES（Advanced Encryption Standard），Camellia などの暗号アルゴリズムが使用されている．インターネットで使用される共通鍵暗号アルゴリズムの多くは，データを一定の長さ（bit）で区切ってブロック単位で暗号化している．たとえば DES は 64 bit ずつ暗号化し，鍵の長さ（鍵長）は 56 bit である．それぞれの暗号アルゴリズムで定められた bit 数でメッセージを区切り，鍵を使って換字方式や転置方式などを組み合せて暗号化している．復号する場合は同じ鍵を使って逆の処理を行う．現代の共通鍵暗号方式

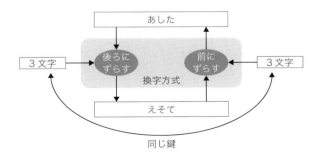

図 9.7　共通鍵暗号方式の例

の多くは，アルゴリズムを公開し，鍵だけを秘密にして利用されている．

一般に鍵長が長いほど暗号は解読されにくく，安全性が高い．1977年米国政府で策定されたDESは，鍵長56 bitであるが，その後継として2001年に米国政府によって策定されたAESの鍵長は128 bit, 196 bit, 256 bitの3種類がある．AESは国際標準共通鍵暗号の一つとして標準化されている．また，Camelliaは，2000年に日本で開発された128 bitブロックの共通鍵暗号アルゴリズムである．AESと同様，128 bit, 192 bit, 256 bitの鍵長に対応している．Camelliaは，日本の電子政府推奨暗号の一つで，国際標準ISO/IEC18033の共通鍵暗号アルゴリズムの一つとして標準化されている．

インターネットで共通鍵暗号方式を利用する際に，いかに受信者に秘密の共通鍵を配送するかが，大きな問題であった．すなわち，図9.8に示すように，インターネットを使って送信者Sが受信者Rに暗号文を送信しようとする場合，事前に共通鍵を共有しておくための鍵配送問題（Key Distribution Problem）が発生する．仮に共通鍵を安全に配送する方式が存在するならば，その方式を使って平文を送信すればよいことになる．

（2）公開鍵暗号方式

公開鍵暗号方式（Public Key Cryptosystem）は，鍵を共有するための鍵配送問題を解決することができる画期的な方式である．

公開鍵暗号方式では，秘密鍵（Private Key）と公開鍵（Public Key）の2

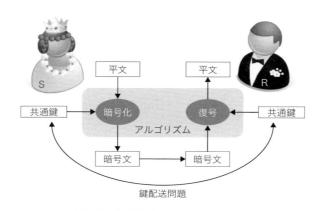

図9.8　共通鍵暗号方式の鍵配送問題

本の鍵（ペア）を使用する．図9.9に示すように，送信者Sは受信者Rの公開鍵を使用して平文を暗号化して送信し，受信者Rは受信した暗号文を自らの秘密鍵を使用して復号する．ここでは，公開鍵と対になっている秘密鍵を使用しないと復号できないことがポイントであり，その秘密鍵をもつ人だけが復号可能である．したがって，公開鍵は，盗聴者に知られてもかまわない．

RSA暗号は，MITのリベスト，シャミア，エーデルマンによって1977年に発明された公開鍵暗号アルゴリズムであり，3人の頭文字でよばれている．素因数分解の困難さを安全性の根拠としたもっとも普及している公開鍵暗号アルゴリズムである．RSA暗号は，9.6節で紹介するセキュリティプロトコルSSL/TLSにおける鍵交換などに利用されている．また，RSA暗号は，秘密鍵で暗号化すると (3) 項で紹介するディジタル署名として使うこともできる．

公開鍵暗号方式は，鍵配送問題を解決できそうであるが，システムとしては弱点がある．それは，送信者と受信者の間に能動的攻撃者が入り込み，双方になりすますman-in-the-middle攻撃の脅威が存在することである．図9.10に示すように，送信者Sと受信者Rの間に第三者が入り込み，送信者Sが使用する受信者Rの公開鍵を第三者の公開鍵にすり替えることにより，送信者Sからのメッセージを盗聴して復号することができる．また，送信者Sになりすました第三者が改ざんしたメッセージを受信者Rに送信することもできる．このように，偽りの公開鍵を流布させないように，公開鍵を認証する仕組みが必要となる．その仕組みは，9.5節で解決方法を紹介する．

共通鍵暗号方式は，最初の鍵の受け渡しに弱点があった．一方，公開鍵暗号

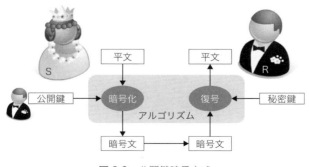

図 9.9 公開鍵暗号方式

方式は暗号化と復号に時間がかかることに弱点がある．そこで，最初に公開鍵暗号方式で共通鍵を送り，以降は共通鍵暗号方式で暗号化・復号を行うことにより，双方の弱点を克服したハイブリット暗号方式がある．ハイブリッド暗号方式は，9.6 節で紹介するセキュリティプロトコルなどで利用されている．

(3) ディジタル署名

ディジタル署名 (Digital Signature) は，公開鍵暗号方式を利用して，メッセージの発信者の認証と改ざんの検知を可能とするものである．すなわち，ディジタル署名は，メッセージの作成者が確実に本人であり，送信内容が改ざんされていないことを証明する仕組みである．

本人確認は，公開鍵暗号方式の秘密鍵で暗号化したデータが対になる公開鍵でのみ復号できる仕組みを利用している．すなわち，送信者の公開鍵で復号できることによって，対応する秘密鍵をもつ本人から送られたことが証明される．図 9.11 に示すように，送信者 S は自分の秘密鍵を使用して平文を暗号化して送信し，受信者 R は受信した暗号文を送信者 S の公開鍵を使用して復号する．ディジタル署名においては，暗号化を署名，復号を検証とよぶ．

メッセージの改ざん検知は，メッセージをハッシュ関数によって短い文字列データ（ハッシュ値）に変換したメッセージダイジェストを使って検証する．

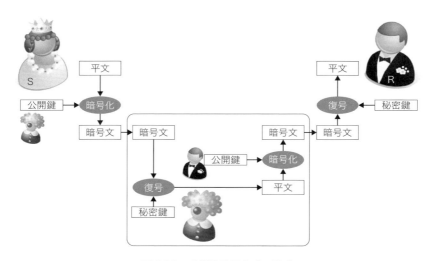

図 9.10　公開鍵暗号方式の脅威

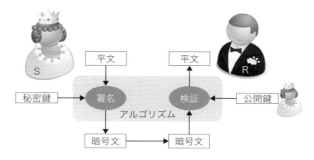

図 9.11 公開鍵暗号アルゴリズムを使った本人確認

ここで用いられるハッシュ関数には，入力値に対しては簡単にハッシュ値を出力できるが，逆に出力値から入力値を求めることができない特徴がある．このような関数を一方向性関数という．

ディジタル署名の仕組みを図 9.12 に示し，処理の流れを以下に説明する．

- 送信者 S は，受信者 R に送信したい文書もしくはデータであるオリジナルメッセージをハッシュ関数に入力し，メッセージダイジェスト（図ではダイジェストと略している）を出力する．
- 送信者 S は，自分の秘密鍵を使用してメッセージダイジェストに署名したディジタル署名と，オリジナルメッセージを受信者 R に送信する．
- 受信者 R は，送信者 S から受信したディジタル署名を送信者 S の公開鍵を使用して検証し，メッセージダイジェストを出力する．
- また，受信者 R は，送信者 S から受信したオリジナルメッセージをハッシュ関数に入力し，メッセージダイジェストを出力する．
- 検証によって出力されたメッセージダイジェストと，ハッシュ関数によって出力されたメッセージダイジェストが一致すれば，メッセージの送信者が確実に送信者 S であり，送信内容が改ざんされていないことを確認できる．

しかし，ディジタル署名にもシステムとしての弱点がある．図 9.12 の送信者 S の公開鍵が偽物であったならば，ディジタル署名の仕組みは成立しない．悪意をもった第三者が本人になり代わり，偽の公開鍵を配布する脅威が存在する．このように，偽りの公開鍵を流布させないように，公開鍵を認証する仕組

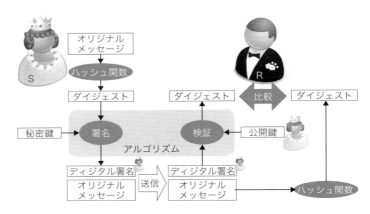

図 9.12　ディジタル署名

みが必要となる．その仕組みは，9.5 節で紹介する．

9.4　暗号危殆化問題

　サイバー社会では，前節で紹介した共通鍵暗号アルゴリズム，公開鍵暗号アルゴリズム，ハッシュ関数などの技術を用いてデータの秘匿と改ざん防止を実現している．しかし，これらの暗号アルゴリズムは，恒常的に安全ということはなく，技術の進展とともに安全性が低下する暗号危殆化という問題を抱えている．暗号危殆化とは，ある暗号アルゴリズムについて，当初想定したよりも低いコストで，そのセキュリティ上の性質を危うくすることが可能な状況である．暗号危殆化は，コンピュータのコストパフォーマンスの向上，新たな攻撃法の発見，従来型攻撃法の強化などによって，常に進行している．暗号危殆化対策としては，図 9.13 に示すように，使用している暗号アルゴリズムの脆弱性が指摘された早い時期で，次の世代の暗号に切り替えることである．

　暗号が破られた，すなわち暗号危殆化が露見したと報道される場合にも，以下のようにさまざまなレベルがある

(1) 特定の暗号文を平文に戻すことに成功

　対象とした暗号文が極端に短い場合や，偶然解読できた可能性もあるため，

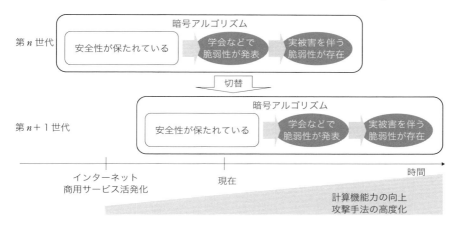

図 9.13 暗号危殆化にともなう世代交代

前提条件が現実的なものであるかを検証する必要がある．

(2) 総当り法以外の方法で解読方法を発見

これは，暗号解読のバックドア，つまり正攻法でない近道があることがわかったことを意味し，暗号の強度に対する不安が生じる．解読に用いた情報が現実的に入手可能なものであるかを慎重に検証する必要がある．

(3) 実用的な時間内に総当り法で解読

主としてコンピュータの性能向上によってもたらされる．しかし，ある鍵を短時間で発見できたとしてもいかなる鍵も同じ時間で解読できる保証はない．

上述の通り，「破られた」といってただちにその暗号方式が実用に適さないというわけではない．費用対効果の点から，犯罪者などが解読を試みるに十分な実用性があるかどうかが問題である．

9.5 認　証

認証とは，何かによって，対象の正当性を確認する行為である．対象の違いによって，相手認証（本人認証），メッセージ認証，時刻認証などがある．人を対象とした本人認証としては，9.1 節で紹介したパスワードなど本人しか知らない情報（WYK：What You Know）を入力させる知識認証，トークン（ワ

ンタイムパスワード），ICカードなどの所持（WYH：What You Have）による物理認証，指紋，虹彩，手のひら静脈など，本人の特徴（WYA：What You Are）で識別する生体認証がある．生体認証は，バイオメトリック認証（Biometric Authentication）ともよばれ，身体的あるいは行動的な特徴を用いてユーザを認証している．身体的特徴には，指紋，顔，虹彩などがあり，行動的特徴には，筆跡，声紋などがある．認証時に採取した生体情報（身体的特徴あるいは行動的特徴）を登録済の生体情報と照合することによって本人を認証する．

インターネットを利用した電子商取引では，取引している相手の顔が見えないために，本当に意図している相手なのか，また送信した情報が改ざんされていないかなど，情報セキュリティについて不安が絶えない．このような問題を解決する技術の一つが，9.3節(3)で紹介したディジタル署名である．ディジタル署名は，発信者本人しか使えない暗号化処理を電子文書（メッセージ）に対して行うことで，それが本当にその発信者からのものであることを証明する相手認証，途中で改ざんされていないことを証明するメッセージ認証を実現している．

ところで，相手が人ではなく，システムやサービスの場合は，どのように認証すればよいだろうか．サイバー社会では，人だけでなく，システムやサービスを対象とした取引も多い．図9.14に示すように，取引している組織が見えないために，相手が本当に意図している組織なのか，また送受信した情報が改ざんされていないかなど，情報セキュリティについてさらに不安が増すことになる．その解決策を以下に紹介する．

(1) 認証局（CA）

公開鍵暗号方式は，優れた暗号アルゴリズムであるが，なりすましを防ぐことができない．具体的には，9.3節(2)で紹介したように，送信者と受信者の間に能動的攻撃者が入り込み，双方になりすますman-in-the-middle攻撃の脅威が存在する．また，9.3節(3)で紹介した公開鍵暗号方式を活用するディジタル署名は，悪意をもった第三者が本人になり代わり偽の公開鍵を配布する脅威が存在する．

man-in-the-middle攻撃の発生を防ぎ，偽りの公開鍵を流布させないように，

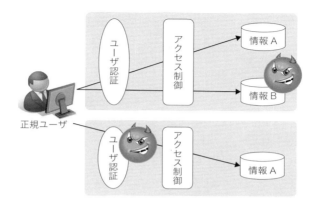

図 9.14　情報やシステムに対する不安

公開鍵の正当性を証明する公正な第三の機関が認証局（CA：Certificate Authority）である．認証局は，公開鍵の正当性を証明するディジタル証明書を発行し，電子商取引など不特定多数の当事者が存在する広い範囲で運用されている．図 9.15 に示すように，認証局は自身の秘密鍵で送信者 S の公開鍵を記載したディジタル証明書に署名する．この署名こそが第三の機関である認証局が信頼を与え保証するという意味である．

(2) ディジタル証明書

　ディジタル証明書は，公開鍵暗号方式を用いた電子証明書であり，公開鍵証明書ともいう．ディジタル証明書には，公開鍵を所有する者の名前，有効期限，認証者である認証局の名前および，認証される公開鍵などが記載されている．図 9.15 に示すように，認証局が発行するディジタル証明書に，送信者 S の名前と送信者 S が所有する秘密鍵に対応する公開鍵が記載されている．

　ディジタル署名とディジタル証明書は，「電子署名及び認証業務に関する法律（電子署名法）」において，電子署名と電子証明書として規定されている．さらに，認証業務や認証事業者についても電子署名法で規定されている．電子署名法は，電子署名に現実社会の署名や押印と同じ効力をもたせることが目的であり，電子署名により，電子政府や電子商取引における情報の真正性を証明する法的基盤を整備している．法律の詳細については，11 章で紹介する．

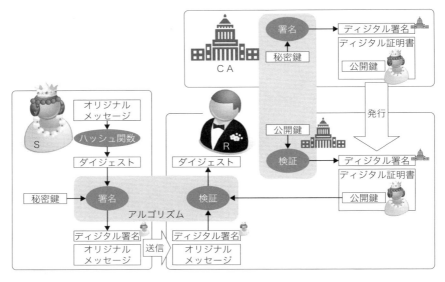

図 9.15　認証局

(3) 公開鍵基盤（PKI）

インターネットを利用する電子商取引などにつきまとう，盗聴，改ざん，なりすましなどのリスクに対して，前述の認証局とディジタル証明書を安全に運用する仕組みが公開鍵基盤（PKI：Public Key Infrastructure）である．

PKIでは，公開鍵とディジタル証明書のライフサイクル管理を行い，認証局の機能のほかに，登録局（RA：Registration Authority）としての機能と，ディジタル証明書の失効管理を含む保管・運用を行うリポジトリ機能を基本要素として含んでいる．ここで，登録局はディジタル証明書申請者の本人性を審査・確認し，主として登録業務を行う機関である．登録局は間違いなく本人である本人性に責任を負うが，ディジタル証明書に署名したり，ディジタル証明書を発行したりはしない．

ところで，図9.15で受信者Rが所有している認証局の公開鍵はどのようにして認証されるのであろうか．実は，認証局の公開鍵は，その上位の認証局自身の秘密鍵で認証すべき認証局のディジタル証明書に署名している．そして，最上位の認証局をルート認証局（ルートCA）とよぶ．ルートCAが発行したルー

ト証明書は，ユーザが必要に応じて自分でインストールすることもできる．しかし，通常は実績ある大手の認証機関のルート証明書が Web ブラウザなどにあらかじめ組み込まれており，ユーザが意識することは少ない．

9.6 セキュリティプロトコル

　セキュリティプロトコルは，インターネット上の通信において，盗聴，改ざん，なりすましなどの不正な行為からデータを保護する仕組みが施されたプロトコルである．Web 通信を暗号化する SSL (Secure Socket Layer)，メールを暗号化する S/MIME (Secure Multipurpose Internet Mail Extensions)，2 地点間通信を暗号化する IPsec (Security Architecture for Internet Protocol) などが代表例である．いずれのセキュリティプロトコルも，最初に公開鍵暗号方式で共通鍵を送り，以降は共通鍵で暗号化/復号を行うハイブリット暗号方式を用いている．ここではもっとも広く普及している SSL を図 9.16 に示し，セキュリティプロトコルの仕組みを解説する．

　SSL は SSL/TLS (Transport Layer Security) ともよばれ，インターネット上で機密性の高い情報を暗号化して送受信するセキュリティプロトコルである．SSL を用いて通信するときは，通常の「http：」の代わりに「https：」という URL が用いられる．SSL は，Web 通信だけでなく，FTP などのプロトコルの暗号化にも適用できる．

　図 9.16 に示すように，SSL は，認証局のディジタル証明書によって Web サーバの身元を保証し，公開鍵暗号を使って受け渡した共通鍵で，Web サーバと Web クライアントの間の通信を暗号化する仕組みである．

　Web サーバが本物であるかを認証局の発行したディジタル証明書（サーバ証明書ともよぶ）によって確認できる．サーバ証明書には Web サーバのアドレスなどが記述されている．サーバ証明書を受け取った Web クライアントは，認証局の公開鍵を使って検証することによって，その Web サーバの身元の保証を確認できる．

　図 9.16 では省略しているが，Web クライアントがディジタル証明書（クライアント証明書ともよぶ）を所有していれば，そのクライアント証明書を

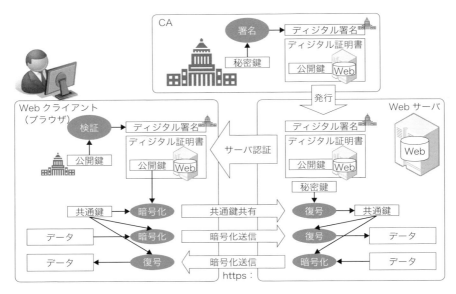

図 9.16 SSL/TLS プロトコル

Web サーバに送って Web クライアントの身元を確認する機能もある．個人でクライアント証明書を所有していない場合は，この手順は省略される．
　SSL の具体的な手順は以下の通りである．
・SSL に対応した Web サーバは，あらかじめ認証局に申請し，認証局の発行したサーバ証明書を所有している．また，Web クライアントのブラウザには，認証局の公開鍵が組み込まれている．
・ブラウザが SSL の Web サーバに接続を要求すると，Web サーバはサーバ証明書をブラウザに送信する．
・ブラウザは，あらかじめ組み込まれている認証局の公開鍵を使って Web サーバの検証を行ない，サーバ証明書から Web サーバの公開鍵を取り出す．
・ブラウザは，通信に使う共通鍵をランダムに生成して，Web サーバの公開鍵で，この共通鍵を暗号化して Web サーバに送信する．
・Web サーバは，自身の秘密鍵で復号して，共通鍵を取り出す．
・以後，ブラウザと Web サーバの間の通信はこの共通鍵によって暗号化さ

れる．

　本章では，情報セキュリティを技術的に支えている認証とアクセス制御，および暗号技術をシステム的な観点から紹介した．より深く詳細に技術を理解するための書籍を巻末の参考文献に示したので参考にしてほしい．

10
リスクとセキュリティ対策

```
┌─────────────────────────────────────────────────────────┐
│              10.1 不正アクセスと対策                      │
│   ( リスト攻撃 )  ( 公開範囲の誤設定 )  ( 不正侵入の手口 ) │
└─────────────────────────────────────────────────────────┘

┌─────────────────────────────────────────────────────────┐
│              10.2 マルウェアと感染対策                    │
│   ( コンピュータウイルス )  ( スパイウェア )  ( ボット )  │
│              (       感染対策       )                     │
└─────────────────────────────────────────────────────────┘

┌──────────────────────────┐  ┌──────────────────────────┐
│   10.3 標的型/誘導型攻撃  │  │  10.4 フィッシング詐欺・  │
│          と対策           │  │   ワンクリック請求と対策  │
└──────────────────────────┘  └──────────────────────────┘

┌─────────────────────────────────────────────────────────┐
│     10.5 スマートフォン・無線 LAN に潜む脅威と対策        │
└─────────────────────────────────────────────────────────┘

┌─────────────────────────────────────────────────────────┐
│         10.6 SNS による情報漏えいと対策                   │
└─────────────────────────────────────────────────────────┘
```

本章の構成

サイバー社会では，従来は思いもよらなかった脅威が身近な事件として発生する．7.1節で述べたように，数百万年前に人は森から草原へ進出した．森に住んでいたときは，周囲の自然が人の活動を守ってくれていた．しかし，草原へ進出すると活動範囲が広がった一方，外敵やさまざまな危険に遭遇する機会も激増した．インターネットは，直接目に見えない相手（システムやサービスを含む）とやりとりする点で，現実の対面による人間相手のやりとりとはまったく異なる．ユーザにとって便利な環境であっても，コンピュータネットワークの機能やサービスを悪用すれば，凶器と化してしまうことがある．また，悪意をもったユーザが自らを偽り，容易にコンタクトを試みてくる．さらに，サイバー空間の覇権を競ったサイバー攻撃も顕在化してきている．これらのかつてない急激な変化にともなって，さまざまな脅威や事件が発生し社会問題と化している．

本章では，前頁に示す構成で，インターネットを使うことによって起こり得る脅威の仕組みを紹介し，そのリスクに対する個人レベルの対策を情報セキュリティの考え方にもとづいて学習する．必要に応じて，9章「情報セキュリティの基本技術」を復習して実践的な対策を講じてほしい．

10.1 不正アクセスと対策

不正アクセスは，正当な権利をもたない者が情報やシステムを制御することである．本節では，ユーザの注意によって回避できる二つのリスク，パスワードの使い回しによるリスト攻撃と，公開範囲の誤設定による情報漏えいを紹介する．また，不正アクセスの仕組みを理解するために，その手口を紹介する．

(1) リスト攻撃

悪意をもった攻撃者による不正なログインや，それによるサービスの不正利用，個人情報漏えいなどの事件が頻発している．不正ログインを誘発する要因の一つに，ユーザが複数のサイトでパスワードを使い回していることがあげられる．これは，図10.1に示すように，悪意のある第三者が何らかの手法でリスト化されたIDとパスワードを入手して，攻撃対象のサイトに次々に不正アクセスを試みる攻撃であり，リスト攻撃とよばれている．

図 10.1　パスワードの使い回しとリスト攻撃の脅威

　リスト攻撃の対抗策としては，サービス提供側が，ID とパスワードのリストを流出させないことが最も重要である．しかし，万一流失した際に，複数のサイトで同じパスワードが設定されているとリスト攻撃の成功率が高まり，不正アクセスの脅威が増大する．ユーザにもサイトごとに異なるパスワードを設定する自己防衛が望まれている．

(2) 公開範囲の誤設定による情報漏えい

　ノートパソコンや USB メモリの紛失・盗難を原因とした情報漏えい事故は後を絶たず，今日でももっとも頻発するインシデントの一つである．さらに，個人レベルにまでクラウドサービスが普及し，情報を保管する手段が多様化したことで，情報漏えいを引き起こすリスクが拡大している．図 10.2 に示すように，ユーザ認証やアクセス制御の仕組みが施されていても，情報の公開範囲の設定を誤ると，本来，第三者に見せたくない情報も第三者が参照可能となる．

　公開範囲の誤設定は，第三者が情報に容易にアクセスできる環境をユーザ自身がつくり出していることになる．クラウドサービスに預けている情報の公開範囲の設定を誤ると，ノートパソコンや USB メモリの紛失と同等の情報漏えい事故につながる．公開範囲の設定方法は，サービスによってさまざまであるが，ユーザは仕組みを十分に理解して，クラウドサービスを利用すべきである．

(3) 不正侵入の手口

　悪意をもった攻撃者による不正侵入は，事前調査，ユーザおよびシステムの権限取得，不正実行，後処理からなる計画的な犯行である．図 10.3 にその手

10.1 不正アクセスと対策   179

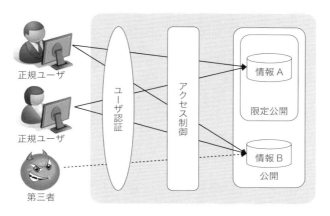

図 10.2　情報の公開範囲の誤設定による脅威

順を示し，概略を説明する．

　攻撃・侵入の前段階の事前調査として，攻撃対象とするシステムの情報収集と，アカウントの調査が行われる．システムに外部から侵入するために，攻撃対象のコンピュータがインターネット上で提供しているサービスを調べ，その弱点を悪用する．家屋に侵入するために，玄関，勝手口，ベランダなどの存在を調べ，侵入しやすい場所を探すようなものである．インターネットでは，サービスごとにコンピュータが使用するポート番号が定められているので，図10.4 に示すように，各ポートのサービス状態を調査するポートスキャンによっ

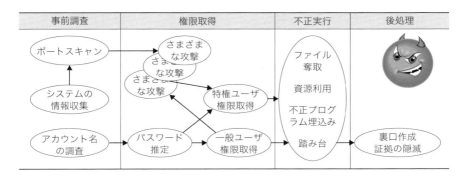

図 10.3　不正侵入の手順

図 10.4　ポートスキャン

て，攻撃対象のコンピュータが提供しているサービスを知ることができる．

　アカウント名の調査は，一般ユーザのアカウントであるIDの入手や，システムを制御できる特権ユーザとしての管理者アカウントであるadministratorやrootなどの存在を調査する．

　権限取得は，特権ユーザの権限を取得することが最終的な目的である．まずシステムにアクセスできるアカウント名を入手し，そのパスワードを推定する．パスワード推定は，巧妙に本人から入手する手口もあるが，通信を盗聴するか，システムに繰返しアクセスして解析するパスワードクラック（Password Cracking）が用いられる．（1）項で紹介したリスト攻撃用のリストが入手済みであれば，不正アクセスは容易である．なお，攻撃対象にアクセスできるアカウントが不明，もしくはパスワード推定が困難な場合は，よく知られた脆弱性を突くさまざまな攻撃によって，特権ユーザの権限を強制的に取得する手口もある．既知の脆弱性を突く攻撃については，10.2節以降で紹介する．

　不正実行としては，盗聴，改ざん，なりすましなどが一般的である．また，図10.5に示すように，サービスを停止させるシステム自体の破壊や，引き続き不正を行うための不正プログラムの埋込み，コンピュータ自体の不正利用が行われる．さらに，獲得した権限によって，コンピュータを遠隔から制御して，別のコンピュータやシステムを攻撃する踏み台として不正利用される場合もある．踏み台にされた場合は，何も知らない被害者であっても，加害者として疑われることもある．

　後処理では，次回以降の不正侵入を容易にするための裏口作成と，不正発覚を遅らせるための証拠隠滅が行われる．

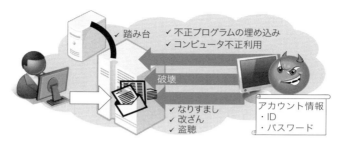

図 10.5　不正実行

10.2　マルウェアと感染対策

　マルウェア（Malware）は，Malicious Software（悪意のあるソフトウェア）を短縮した造語であり，コンピュータウイルス，スパイウェア，ボットなどの不正プログラムの総称である．マルウェアに感染すると，情報漏えい，悪意のあるサイトへの誘導とマルウェアのダウンロード，DDoS 攻撃，ウイルスメールの大量送信や差出人アドレスの詐称，ウイルス対策ソフト停止と Web サイトへのアクセス妨害など，さまざまなインシデントが発生する．図 10.6 にマルウェアの大まかな分類を示し，主なマルウェアと感染対策を紹介する．

(1) コンピュータウイルス

　コンピュータウイルス（Computer Virus）は，ほかのファイルやプログラムに寄生して悪事をはたらくソフトウェアである．一方，宿主となるプログラムを必要としない独立したマルウェアとして，増殖能力のあるワーム（Worm）と，増殖能力のないトロイの木馬（Trojan Horse）がある．また，攻撃者がインターネット上に用意したサーバなどから，ソフトウェアをダウンロードするダウンローダを介して，マルウェアを埋め込まれるドライブバイ・ダウンロード（Drive-by-download）攻撃を用いた多段型のシーケンシャルマルウェアも多く発見されている．

　コンピュータウイルスは，感染したパソコンのデータを P2P ファイル交換ソフトなどによって共有ネットワークに勝手に流したり，感染したパソコンのファイルを勝手に暗号化したりする．前者は，共有ネットワークに流出した情報が企業の営業秘密であれば，重大な情報漏えい事件となる．また，いったん

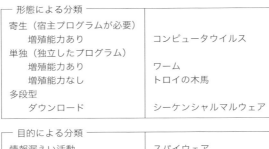

図 10.6　マルウェアの分類

共有ネットワークに流出した情報を完全に消去することは非常に困難である．後者は，暗号化したファイルにパスワードを設定して，ユーザがデータに正常にアクセスできないようにする．その復旧と引き換えにユーザから金銭を要求する身代金要求型マルウェアである．ともに業務への多大な支障をともない，ユーザの心理的ダメージも大きい．

(2) スパイウェア

スパイウェア（Spyware）は，利用者や管理者の意図に反してインストールされ，ユーザの個人情報やアクセス履歴などの情報を収集する不正プログラムである．

攻撃者は，実在の企業名や官公庁を偽装したメールを攻撃対象のユーザに送付し，スパイウェアが仕込まれた添付ファイルをユーザに開かせ，パソコンにインストールさせる．また，便利なソフトウェアを装ってユーザにインストールさせるトロイの木馬などがある．不正に収集する対象には，特定のファイルを狙ったものや，キーボードからの入力を記録するキーロガー（Key Logger）などがある．収集された情報は，ユーザにわからないように，特定のサイトに送信される．さらに SNS への自動投稿プログラムと連携して，ユーザのアクセス履歴を SNS に暴露するものもある．スパイウェアは，情報セキュリティにおいて重要なパスワードなどの情報漏えいだけでなく，サイバー社会における行動を監視されるプライバシーの問題も引き起こすことになる．

(3) ボット

　ボット（Bot）は，感染したパソコンをインターネット経由で外部から操る目的をもつ不正プログラムである．ボットの動作は，スパイ行為など特別な目的を実行するものから大規模なものまで多様化している．ボットによる被害は，設定情報や個人情報の送信だけでなく，スパムメールの送信，DDoS 攻撃への加担，マルウェア自身のアップデート，マルウェアの拡散など，ユーザの知らないうちに攻撃に加担し，加害者としての濡れ衣を着せられることもある．

　サイバー社会に対する脅威の一つに，サーバに大量のデータを送って過大な負荷をかけ，その処理能力を低下させ，機能停止に追い込む DoS 攻撃（Denial of Service Attack）がある．DoS 攻撃の一種の DDoS 攻撃（Distributed Denial of Service Attack）は，分散した複数のパソコンを操り攻撃を仕掛ける．図 10.7 に示すように，DDoS 攻撃は，ボットに感染したパソコンを踏み台にして DoS 攻撃を行う．攻撃元の数が多いため，DoS 攻撃より大きな脅威であり，多くの企業や政府機関のシステムのデータが破壊され，サービス停止状態に陥るインシデントが発生している．サイバー社会のインフラにとって DDos 攻撃対策は急務である．

(4) 感染対策

　マルウェアは，ソフトウェアの脆弱性を突いて攻撃してくる．広く普及しているソフトウェアやサービスは，パソコンを利用する上で必須であり，利用を控えることが難しいため，攻撃の成功率が高く，マルウェアの媒体として狙われやすい．しかし，マルウェアの多くは，既知の脆弱性を悪用しているため，ユーザがとれる対策としては，ソフトウェアの脆弱性を解消することが肝要である．

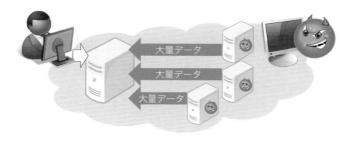

図 10.7　ボット感染による DDoS 攻撃

具体的には，OS やアプリケーションソフトウェアの更新を常に心がけること，また，日ごろ意識せずとも対策可能な自動更新を有効な設定にしておくことが情報セキュリティに取り組む第一歩である．

マルウェアに感染しないように，パソコンを安全な状態にしておく，マルウェアの手口や被害の現状を理解し，信頼できないソフトウェアは利用しないなどの対策を怠らないことがユーザに望まれている．

10.3 標的型／誘導型攻撃と対策

標的型攻撃（Targeted Attack）は，主に電子メールを使って特定の組織や個人の機密情報を狙うスパイ型の攻撃である．攻撃対象に合わせて電子メールの内容がつくられているので，標的にされた側は怪しい電子メールであることに気づきにくい．たとえば，オンラインショップへの苦情メールに商品の写真を偽装したスパイウェアを添付したり，公的機関からの電子メールと偽ってコンピュータウイルスを送り付けたりすると，偽装されていることに気づきにくく，インシデントが発生しやすい．また，攻撃対象が不特定多数ではなく，絞られているため，攻撃手法のサンプルを入手することが難しく，ウイルス対策ソフトウェアへの反映が困難であるという問題点もある．さらに，インターネットやコンピュータに関する技術を用いずに，人間心理や社会の盲点を突いて，言葉巧みにパスワードなどを聞き出すソーシャルエンジニアリング（Social Engineering）を併用する手口もある．攻撃対象は，政府機関から民間企業まで幅広く，国益や企業経営を揺るがす懸念事項となっている．

誘導型攻撃は，偽装メールによってマルウェアを標的に直接仕掛ける標的型攻撃（図 10.8 の上部矢印）と異なり，ユーザを攻撃者の仕掛けた罠に誘導する受動型攻撃（Passive Attack）である．たとえば，罠を仕掛けた Web サイトの URL を記載した電子メールを標的に送信し，図 10.8 の下部矢印のように，その URL にユーザがアクセスするとマルウェアをユーザのパソコンに送り込む．誘導型攻撃は，ユーザが特定の行動をとるように誘導するため，ファイアウォールで守られた LAN 内のシステムであっても，Web や電子メールなどを利用して攻撃することができる．

図 10.8　標的型攻撃と誘導型攻撃

　誘導型攻撃に対するユーザの予防策は，安易にリンクをクリックしないことである．しかし，正規のWebサイトが改ざんされ，マルウェア感染の踏み台に悪用されるインシデントも発生している．Webサイトの運営者は被害者でもあるが，Webサイトの利用者が二次的な被害にあうことを十分認識して，適切な対策を実施しておくべきである．ユーザもマルウェア感染に備えて，パソコンの脆弱性を解消しておくことが肝要である．

10.4　フィッシング詐欺・ワンクリック請求と対策

　フィッシング詐欺（Phising）は，巧妙な文面の電子メールなどを使って，偽装したWebサイトへユーザを誘導する．インターネット上のサービスは，コミュニケーション系サービス，ネットサービス，コンテンツ系サービス，購入サイト，金融・決済系サービスなど増え続けている．また，Webサイトの更新も頻繁に行われ，偽装を見破ることがますます困難となってきている．図10.9の上部に示すように，偽装されたWebサイトにアクセスすると，ユーザのクレジットカード番号，ID，パスワードなどの機密情報を入力させる不正行為が行われる．ここで入手した機密情報を使って本人になりすまして，オンラインバンキングを利用した不正送金が多発している．

　ワンクリック詐欺（Billing Fraud）は，攻撃者が仕掛けたWebサイトにユーザが訪れるのを待ち，図10.9の下部に示すように，ユーザがリンクをクリックしたことに対して，「会員登録完了」などと表示し，入会金や利用料などの名目でユーザに料金を請求する行為である．ユーザとしては，信頼できないサ

図 10.9　フィッシング詐欺とワンクリック請求

イトに興味本位でアクセスしないことが基本的な対策である．

10.5　スマートフォン・無線 LAN に潜む脅威と対策

(1) スマートフォンに潜む脅威と対策

　スマートフォンには，電話帳，写真，GPS の位置情報など多くのパーソナル情報が格納されている．これらの情報を狙って，魅力的なコンテンツを含んでいると見せかけた悪意のあるスマートフォンアプリ（トロイの木馬）が，図 10.10 に示すように，ネットワーク上に公開されている．悪意のあるスマートフォンアプリによって収集された情報が，スパム送信や不正請求詐欺などに悪用される二次被害も発生している．被害は自分だけに留まらず，電話帳に登録された他人にも及び，さらにその手口が巧妙化しているため，ユーザが被害に気づくことが難しくなってきている．

　ユーザとしての対策は，基本的に信頼できるアプリを利用することである．そのために，ダウンロード数や利用者数，ユーザレビューや評価を参考にすること，また，ウイルス対策ソフトを有効にしておくことなどが重要である．

(2) 無線 LAN に潜む脅威と対策

　無線 LAN は，アクセスポイントとパソコンやタブレットとの間で，電波を使って通信するネットワーク環境である．電波の届く範囲ならば，壁などの障害物を超えてどこでも通信可能ある．そのため，オフィスや家庭内のプライベートな利用にとどまらず，駅や店舗といった街中でも公衆サービスとして世界的

10.6 SNSによる情報漏えいと対策　187

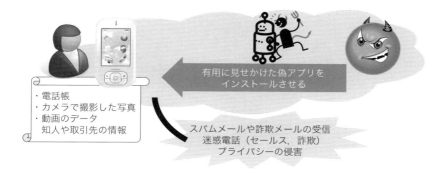

図 10.10　スマートフォンアプリに潜む脅威

に急速に普及している．その一方，図 10.11 に示すように，悪意のある攻撃者から不正アクセスの対象として狙われやすい環境でもある．また，電波は通信経路が目に見えないため，侵入されていることにユーザが気づきにくく大きな脅威となっている．想定される被害としては，無線 LAN 環境に侵入され重要な情報を盗まれる，無線 LAN 環境を無断で利用される，通信データを盗聴されるなどがあげられる．

対策のポイントは，無線 LAN のアクセスポイントを識別するための ID (SSID：Service Set ID)，接続できる機器を限定する MAC (Media Access Control) アドレスフィルタリング，暗号化方式の三つを適切に設定することである．とくに暗号化方式は，機器によっては暗号危殆化が進行してすでに解読が容易なものが，実装されている場合があるので注意が必要である．

10.6　SNSによる情報漏えいと対策

インターネットは，サイバー社会を支える社会基盤であるだけでなく，画期的なメディアでもある．7.4 節で紹介したように，インターネットを使えば，制度による制約を受けることなく，膨大な資本を要することもなく，1 対 1 でも 1 対多でも比較的自由に情報を受発信できる．また，発信された情報は，サーバやパソコンに容易に保存することができる．とくに SNS の普及にともない，個人がプライベートな情報や気持ちを気軽に発信できるようになった．しかし，

188　　10　リスクとセキュリティ対策

図 10.11　無線 LAN に潜む脅威

　軽率な情報発信は，知人や他人に経済的損失や精神的苦痛を与えることもある．企業や組織における情報セキュリティとしては，従業員が職務に関する情報を軽率に SNS へ投稿したことが原因で，企業や組織が損害を受けるインシデントが発生している．

　SNS の一種であるツイッターは，140 文字以内の短文を投稿できる情報サービスであり，投稿者と閲覧者にゆるいつながりを実現するコミュニケーションネットワークである．企業の従業員がツイッターを使う動機には，自身の行動や感情を記録するライフログとしての用途と，ゆるいコミュニケーションを楽しむソーシャルメディアとしての用途が考えられる．また，ツイッターの影響力に注目して企業が公式アカウントから情報発信する用途もある．このような状況において，企業の情報セキュリティを管轄する組織は，従業員がツイッターを利用して，自社の機密性の高い情報資産を故意もしくは不注意に漏えいしてしまうことを危惧している．

　対策としては，自らの行動・意識を情報倫理に即して従業員自身で律することが重要である．また，企業では，リスクを有する従業員を絞り込み，個別の啓発や指導を行うことが有効である．

　本章では，コンピュータネットワークを使うことによって起こりうる脅威の仕組みを紹介し，リスクに対する個人レベルの対策を概説した．最新情報を掲載している組織の URL を巻末の参考文献に示している．9 章の情報セキュリティの基本技術を復習して実践的な対策を講じてほしい．

11
社会の一員としての情報セキュリティ

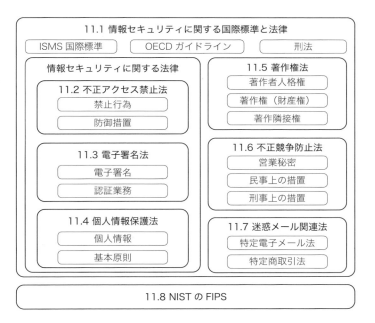

本章の構成

190   11 社会の一員としての情報セキュリティ

　10章で紹介したリスクを，個人の単独行動だけで防ぐことは難しい．社会や組織として，安全で安心なサイバー社会をつくりあげていく必要がある．世界の先進国が加盟するOECD情報セキュリティガイドラインが提唱しているように，私たちは情報セキュリティの必要性と自分たちにできることを認識すべきであり，その責任を負っている．また，他者の正当な利益を尊重し，民主主義社会の本質的な価値に適合した行動が求められている．これらは，セキュリティ文化として，サイバー社会に定着し，成熟していくべきものである．さらに，サイバー社会は，成長し続けるインターネット技術に支えられているため，その最先端の技術情報にも常に注意する必要がある．

　本章では，前頁に示す構成で社会・組織の一員として行動する際に遵守すべきルールの必要性と，その概要を学習する．

11.1　情報セキュリティに関する国際標準と法律

　サイバー社会の到来は，世界的な動きである．インターネットに国境はない．社会の一員として情報セキュリティを理解して行動するためには，世界的な取組みの中で法的対応の変遷を認識する必要がある．本節では，世界的な取組みとしてISMSとOECD情報セキュリティガイドラインを紹介する．また，日本国内の法的対応として，刑法と情報セキュリティ関連の法律を概観する．

(1) ISMSの国際標準

　8.3節で紹介したISMSは，組織が情報セキュリティの確保に取り組むための国際規格ISO/IEC27000シリーズとして発行されている．

　ISO（International Organization for Standardization：国際標準化機構）は，各国の代表的標準化機関から構成される国際標準化機関で，電気・通信および電子技術分野を除く全産業分野（鉱工業，農業，医薬品など）に関する国際規格を作成している．IEC（International Electrotechnical Commission：国際電気標準会議）は，各国の代表的標準化機関から構成される国際標準化機関であり，電気および電子技術分野の国際規格を作成している．

　ISO/IEC27000シリーズの中で，ISO/IEC27001（情報セキュリティマネジメント - 要求事項）と，ISO/IEC27002（情報セキュリティマネジメントシス

テムの実践のための規範）は，JIS Q 27001 および JIS Q 27002 として JIS（日本工業規格）化されている．ISO/IEC27002 には，組織のセキュリティ，人的セキュリティ，物理的および環境的セキュリティ，通信および運用管理，アクセス制御，法やルールの遵守など，技術，管理，利用，運用などのさまざまな側面から情報セキュリティを守るための実践規範（ベストプラクティス）が記載されている．

(2) OECD 情報セキュリティガイドライン

OECD（Organisation for Economic Co-operation and Development：経済協力機構）は，欧州を中心に日・米を含め 34 か国の先進国が加盟する 1961 年に発足した国際機関である．日本は 1964 年に加盟している．OECD は国際マクロ経済動向，貿易，開発援助といった分野に加え，近年では持続可能な開発，ガバナンスといった新たな分野についても加盟国間の分析・検討を行っている．

情報セキュリティに対する国際的な関心の高まりを受けて，OECD は 1992 年に Guidelines for the Security of Information Systems（情報システムのセキュリティに関するガイドライン）を策定した．このガイドラインは，加盟国が尊重すべき指針であり，強制力はない．2002 年に発表された新ガイドラインでは，情報セキュリティの重要性を広く認識させるために，「セキュリティ文化（A Culture of Security）」という新しい概念を提唱している．「セキュリティ文化」を「情報システム及びネットワークを開発する際にセキュリティに注目し，また，情報システム及びネットワークを利用し，情報をやりとりするに当たり，新しい思考及び行動の様式を取り入れること」と定義している．また，情報セキュリティの重要性を表 11.1 に示す 9 つの原則として提言している．この原則は，安全で安心なサイバー社会をつくりあげていくための精神的進化の礎を示している．

(3) 刑法

日本の刑法は，犯罪と刑罰に関する法律である．コンピュータやインターネットを利用した事件の中から，刑罰に該当した刑法の条文を抜粋して表 11.2 に示す．2011 年の改正により，不正指令電磁的記録作成および取得に関する罪として，コンピュータウイルスに関する罪が追加された．この改正により，コ

11 社会の一員としての情報セキュリティ

表 11.1　OECD 情報セキュリティガイドラインの 9 原則

	原　則
認識の原則	参加者は，情報システム及びネットワークのセキュリティの必要性並びにセキュリティを強化するために自分達にできることについて認識すべきである
責任の原則	すべての参加者は，情報システム及びネットワークのセキュリティに責任を負う
対応の原則	参加者は，セキュリティの事件に対する予防，検出及び対応のために，時宜を得たかつ協力的な方法で行動すべきである
倫理の原則	参加者は，他者の正当な利益を尊重するべきである
民主主義の原則	情報システム及びネットワークのセキュリティは，民主主義社会の本質的な価値に適合すべきである
リスクアセスメントの原則	参加者は，リスクアセスメントを行うべきである
セキュリティの設計及び実装の原則	参加者は，情報システム及びネットワークの本質的な要素としてセキュリティを組み込むべきである
セキュリティマネジメントの原則	参加者は，セキュリティマネジメントへの包括的アプローチを採用するべきである
再評価の原則	参加者は，情報システム及びネットワークのセキュリティのレビュー及び再評価を行い，セキュリティの方針，実践，手段及び手続に適切な修正をすべきである

ンピュータウイルスを作成・提供・取得・保管する行為に対しても刑事罰が科せられるようになった．

　情報セキュリティ関連の刑法については，総務省が運営している『国民のための情報セキュリティサイト「刑法」』[3]に掲載されているので，参考にしてほしい．

(4) 情報セキュリティに関する法律

　情報セキュリティに関する日本国内の法律は，前述の刑法のほかに，不正アクセス禁止法，電子署名法，個人情報保護法がある．また，知的財産を守る法律として，著作権法，不正競争防止法がある．さらに，サイバー社会の秩序を守るための迷惑メール関連法などがある．これらの法律は，サイバー社会の法的な基盤を整備し秩序を保つために適宜制定され，改正が重ねられている．激変する時代の要請を反映して施行された法律の概要を 11.2 節以降で紹介する．

表 11.2 情報セキュリティ関連の刑法

	犯罪となる行為
電磁的記録不正作出及び供用（第161条の2）	・人の事務処理を誤らせる目的で，電子的データを不正に作成する
不正指令電磁的記録作成等（第168条の2）	・正当な理由がないのに，人のコンピュータで実行する目的で，電子的データなどの記録を作成，または提供する
不正指令電磁的記録取得等（第168条の3）	・正当な理由がないのに，人のコンピュータで実行する目的で，電子的データなどの記録を取得，または保管する
わいせつ物頒布等（第175条）	・わいせつな文書，図画その他の物を頒布，販売，または公然と陳列する
名誉毀損（第230条）	・公然と事実を摘示し，人の名誉を毀損する
電子計算機損壊等業務妨害（第234条の2）	・人の業務に使用するコンピュータや電子的データを損壊する ・人の業務に使用するコンピュータに虚偽の情報や不正な指令を与え，使用目的に沿うべき動作をさせない，または人の業務を妨害する
詐欺（第246条）	・人を欺いて財物を交付させる
電子計算機使用詐欺（第246条の2）	・人の事務処理に使用するコンピュータに虚偽の情報や不正な指令を与えて，不実の電子的データを作り，財産上不法の利益を得る，または他人にこれを得させる

11.2 不正アクセス禁止法

不正アクセス禁止法は，「不正アクセス行為の禁止等に関する法律」として，1999年8月に制定され，改正が重ねられている．この法律の目的は，不正アクセスを禁止することにより，高度情報通信社会の健全な発展に寄与することである．具体的には，電気通信回線に接続している電子計算機にかかわる不正アクセス行為を禁止するとともに，罰則と再発防止の援助措置などを定めている．ここで，電気通信回線に接続している電子計算機には，インターネットなどのオープンネットワークに接続されているコンピュータのほか，企業内LANのように外部から独立したネットワークを構築しているコンピュータも含まれている．

(1) 禁止されている行為

不正アクセス禁止法では，表11.3に示すいずれかに該当する行為を不正アクセス行為としている．また，不正アクセス禁止法では，表11.4に示す行為も禁止している．

表11.3 不正アクセス行為

	不正アクセス行為
無断使用	他人のIDやパスワードを当人の承諾を得ずに不正に利用する行為
直接攻撃	コンピュータのアクセス制御機能の脆弱性を突いて，直接不正に侵入する行為
間接攻撃	コンピュータのアクセス制御機能の脆弱性を突いて，ほかのコンピュータから不正に侵入する行為

表11.4 不正アクセス禁止法で禁止している行為

	禁止している行為
不正取得	他人のIDやパスワードを不正に取得する行為
助長行為	他人のIDやパスワードを正当な理由なく当人第三者に提供する行為
不正保管	他人のIDやパスワードを不正に保管する行為
フィッシング行為	IDやパスワードの入力を不正に要求する行為

(2) 防御措置

不正アクセス禁止法は，アクセス管理者に対して，IDやパスワードの適正な管理，アクセス制御機能の有効性の検証，不正アクセス行為から防御するための必要な措置を求めている．

不正アクセス禁止法は，サイバー犯罪を取り締まる法令として有名であり，その詳細は，警察庁の『サイバー犯罪対策「法令等」』[4]に掲載されているので，参考にしてほしい．

11.3 電子署名法

電子署名法は，「電子署名及び認証業務に関する法律」として，2001年4月から施行され，改正が重ねられている．この法律の目的は，電子署名が手書きの署名や押印と同等に通用する法的基盤を整備し，国民生活の向上および国民経済の健全な発展に寄与することである．具体的には，電磁的記録の真正な成立の推定と，特定認証業務に関する認定の制度を定めている．ここでいう「電磁的記録」とは，電子的方式や磁気的方式など，人の知覚によっては認識できない方式でつくられる記録であり，コンピュータによる情報処理で扱われる電

子的なデータである．

(1) 電子署名

　電子署名法における電子署名は，電磁的記録として記録することができる情報について行われる措置で，表 11.5 に示す要件の双方に該当するものをいう．

　なお，9.3 節（3）および 9.5 節で紹介したディジタル署名は，公開鍵暗号方式を利用したもので，メッセージの発信者の認証と改ざんの検知が可能ものを指す．一方，電子署名（Electronic Signature）は，各国によってさまざまな定義がされており，ディジタル署名を含む広義の署名として用いられている．電子署名法では，本人による一定の条件を満たす電子署名がなされた文書は，本人の手書き署名・押印がある文書と同様，真正に成立したものと推定されることが定められている．

(2) 認証業務

　電子署名法における認証業務とは，利用者が電子署名を行ったものであることを確認するために用いられる事項（公開鍵暗号方式にもとづく電子署名の場合，ディジタル証明書に記録される公開鍵などを指す）が利用者にかかわるものであることを証明する業務である．認証業務のうち一定の基準を満たすものは，国の認定を受けることができる制度が導入されている．一定の基準として，電子署名の方式や業務に用いる設備，利用者の真偽確認の方法などが定められている．こうした認定を受けた認証局が発行する電子証明書は，一定レベルの信頼性を保ったものと判断される．

　電子署名法の詳細は，法務省の「電子署名法の概要と認定制度について」[5]および，総務省の「電子署名・電子認証ホームページ」[6]に掲載されているので，参考にしてほしい．

表 11.5　電子署名法における電子署名の要件

	要　件
相手認証（なりすまし防止）	本人が作成した情報であることを示すものであること
メッセージ認証（改ざん防止）	改変が行われていないかどうかを確認できること

11.4 個人情報保護法

個人情報保護法は,「個人情報の保護に関する法律」として,2005年4月に施行され,改正が重ねられている.この法律の目的は,高度情報通信社会の進展にともない個人情報の利用が著しく拡大していることをかんがみ,個人情報の適正な取扱いに関して,個人情報の有用性に配慮しながら,個人の権利利益を保護することである.具体的には,個人情報の保護に関する施策の基本となる事項を定め,個人情報を取り扱う事業者の遵守すべき義務などを定めている.

(1) 個人情報

個人情報保護法における個人情報とは,生存する個人に関する情報であって,氏名,生年月日,そのほかの記述などにより特定の個人を識別することができるものである.なお,ほかの情報と容易に照合することができ,それにより特定の個人を識別することができるものも個人情報に含まれる.

(2) 基本原則

個人情報保護法は,個人情報の適正な取扱いに関して,表11.6に示す5つの基本原則を掲げている.この基本原則は,個人情報の取扱いが,その態様次第で,人格の尊重の理念に関わるような重要な国民の権利利益を侵すことになりかねないとの認識に立っている.これは,OECDの原則なども踏まえている.

個人情報保護法の詳細は,消費者庁の「消費者制度　個人情報の保護」[7]に掲載されているので参考にしてほしい.

表11.6　個人情報保護法における個人情報取扱いの基本原則

	基本原則
利用目的による制限	個人情報は,その利用目的が明確にされるとともに,当該利用目的の達成に必要な範囲内で取り扱われること
適正な方法による取得	個人情報は,適法かつ適正な方法によって取得されること
内容の正確性の確保	個人情報は,その利用目的の達成に必要な範囲内において正確かつ最新の内容に保たれること
安全保護措置の実施	個人情報は,適切な安全保護措置を講じた上で取り扱われること
透明性の確保	個人情報の取扱いに関しては,本人が適切に関与し得るなどの必要な透明性が確保されること

11.5 著作権法

著作権法は，1970年5月にすべて改正し，以降も改正が重ねられている．この法律の目的は，文化的所産の公正な利用に留意しつつ，著作者などの権利の保護を図り，文化の発展に寄与することである．具体的には，著作物ならびに実演，レコード，放送および有線放送に関し，著作者の権利およびこれに隣接する権利を定めている．

(1) 著作者人格権

著作者の人格的利益を保護する権利として，表11.7に示す3つを定めている．

(2) 著作権（財産権）

著作物の利用を許諾する，もしくは禁止する権利として，表11.8に示す権利を定めている．

(3) 著作隣接権

著作物の公衆への伝達に重要な役割を果たしている者（実演家，レコード製作者，放送事業者および有線放送事業者）に与えられる権利を著作隣接権という．著作隣接権は，実演，レコードの固定，放送又は有線放送を行った時点で発生する．著作隣接権の保護期間は，実演，レコード発行，放送または有線放送が行われたときから50年間である．

著作権の詳細は，文化庁の「著作権」[8]に掲載されているので参考にしてほしい．

表11.7 著作者人格権

	著作者人格権
公表権（第18条）	未公表の著作物を公表するかどうかなどを決定する権利
氏名表示権（第19条）	著作物に著作者名を付すかどうか，付す場合に名義をどうするかを決定する権利
同一性保持権（第20条）	著作物の内容や題号を著作者の意に反して改変されない権利

表 11.8 著作権（財産権）

	著作権（財産権）
複製権（第 21 条）	著作物を印刷，写真，複写，録音，録画その他の方法により有形的に再製する権利
上演権・演奏権（第 22 条）	著作物を公に上演し，演奏する権利
上映権（第 22 条の 2）	著作物を公に上映する権利
公衆送信権等（第 23 条）	著作物を公衆送信し，あるいは，公衆送信された著作物を公に伝達する権利
口述権（第 24 条）	著作物を口頭で公に伝える権利
展示権（第 25 条）	美術の著作物又は未発行の写真の著作物を原作品により公に展示する権利
頒布権（第 26 条）	映画の著作物をその複製物の譲渡又は貸与により公衆に提供する権利
譲渡権（第 26 条の 2）	映画の著作物を除く著作物をその原作品又は複製物の譲渡により公衆に提供する権利（一旦適法に譲渡された著作物のその後の譲渡には，譲渡権が及ばない）
貸与権（第 26 条の 3）	映画の著作物を除く著作物をその複製物の貸与により公衆に提供する権利
翻訳権・翻案権等（第 27 条）	著作物を翻訳し，編曲し，変形し，脚色し，映画化し，その他翻案する権利
二次的著作物の利用に関する権利（第 28 条）	翻訳物，翻案物などの二次的著作物を利用する権利

11.6 不正競争防止法

不正競争防止法は，1993 年 5 月にすべて改正し，以降も改正が重ねられている．この法律の目的は，事業者間の公正な競争およびこれに関する国際約束の的確な実施を確保し，国民経済の健全な発展に寄与することである．具体的には，不正競争の防止および不正競争に係る損害賠償に関する措置などを講じている．

(1) 営業秘密

不正競争防止法では，企業がもつ大事な情報が不正にもち出されるなどの被害にあった場合に，民事上・刑事上の措置をとることができる．そのためには，その大事な情報が，不正競争防止法上の「営業秘密」として管理されていることが必要である．営業秘密は，著作権や商標権では保護されてない，企業の重要なノウハウ（たとえば技術情報）や営業機密などのことである．営業秘密と

して認められるためには，表11.9に示す3つの要件を満たすことが必要である．企業内で適切に管理されていない情報は，営業秘密とみなされず保護されないので，注意が必要である．

(2) 民事上の措置

営業秘密の不正取得・使用・開示行為に対する民事上の請求には，表11.10に示す3つがある．

(3) 刑事上の措置

営業秘密侵害罪に対する刑事上の請求は，「不正の利益を得る目的」または「営業秘密の保有者に損害を与える目的」で行った営業秘密の不正取得・領得・不正使用・不正開示のうちの一定の行為に対して，10年以下の懲役または1000万円以下の罰金，またはその両方が科せられる．当時国内で管理されていた営業秘密を，国外で使用または開示した場合も処罰される．また，一部の営業秘密侵害罪については，法人の業務として行われた場合，行為者が処罰されるほ

表11.9 営業秘密の要件

	要　件
秘密管理性	・秘密として管理されていること ・情報に触れることができる者を制限するアクセス制限が施され，情報に触れた者にそれが秘密であると認識できる客観的認識可能性が要求される
有用性	・有用な営業上又は技術上の情報であること ・当該情報自体が客観的に事業活動に利用され，利用されることによって，経費の節約，経営効率の改善等に役立つものであること ・なお，現実に利用されていなくてもかまわない
非公知性	・公然と知られていないこと ・保有者の管理下以外では一般に入手できないこと

表11.10 民事上の請求

	措　置
差止請求	・営業秘密への侵害の停止，予防，そのために必要な措置をとることができる ・なお，侵害される「おそれ」がある場合も含む ・たとえば，営業秘密であるデータの使用禁止，営業秘密を用いた製品の廃棄，製造装置の破却等を請求できる
損害賠償請求	・損害賠償を請求できる ・なお，損害額の立証負担の軽減等も考慮されている
信用回復措置請求	・故意又は過失により営業上の信用が害された場合，必要な措置を請求できる

か，法人も3億円以下の罰金となる．

不正競争防止法の詳細は，経済産業省「不正競争防止法」[9]に掲載されているので，参考にしてほしい．

11.7 迷惑メール関連法

迷惑メール関連法は，「特定電子メール法」と「特定商取引法」して，2002年7月に施行された．「特定電子メール法」は主に送信者に対する規制で，個人または他人の営業について広告宣伝メールを送信する場合に広く適用される．一方，「特定商取引法」は広告主に対する規制で，事業者が取引の対象となる商品などについて，広告宣伝メールを送信する場合に適用される．

(1) 特定電子メール法

インターネットに接続できる携帯電話の普及にともない，電子メールによる一方的な広告宣伝メールが送りつけられる「迷惑メール」が社会問題化した．特定電子メール法は，この問題に対応するため，総務省において「特定電子メールの送信の適正化等に関する法律」として施行された．その後，実効性の強化のため，2005年に特定電子メール（広告宣伝メール）の範囲拡大や架空アドレスあての送信の禁止が定められ，さらに2008年の改正では，原則としてあらかじめ同意した者に対してのみ送信が認められる「オプトイン規制」が導入されるなど対策の強化が図られている．

特定電子メール法の詳細は，日本データ通信協会の「特定電子メール法」[10]に掲載されているので参考にしてほしい．

(2) 特定商取引法

特定商取引法は，通信販売や訪問販売など消費者トラブルの生じやすい取引について，取引の公正の確保および消費者利益の保護を目的としている．具体的には，事業者が電子メールを使って一方的に商業広告を送りつける迷惑メールに対してトラブル防止のルールを定めている．

特定商取引法の詳細は，日本産業協会の「迷惑メールと特定商取引法」[11]に掲載されているので参考にしてほしい．

11.8 NIST の FIPS

サイバー社会は進展が著しく,法的対応が追い付かない部分もある.サイバー社会は,インターネット技術に立脚しているため,科学技術が問題解決の糸口を提供する場合もある.そこで,本節では,NIST という米国の機関が発行している FIPS について紹介する.

(1) NIST

NIST (National Institute of Standards and Technology：米国国立標準技術研究所) は,科学技術分野における計測と標準に関する研究を行う米国商務省に属する政府機関である.NIST では,SP800 (Special Publications 800 series) とよばれるレポートを発行している.SP800 は,米国の政府機関がセキュリティ対策を実施する際に利用することを前提としてまとめられた文書であり,以下の内容を幅広く網羅しており,政府機関,民間企業を問わず,セキュリティ担当者にとって有益な文書である.

- セキュリティマネジメント
- リスクマネジメント
- セキュリティ技術
- セキュリティの対策状況を評価する指標
- セキュリティ教育
- インシデント対応など

(2) FIPS

FIPS (Federal Information Processing Standards) は,米国商務長官の承認を受けて,NIST が公布した情報セキュリティ関連の文書である.SP800 シリーズから FIPS となったものもある.主なターゲットは米国政府であるが,以下の分野別に,詳細な基準や要求事項,ガイドラインを示し,政府機関のみならず,民間企業にとっても,情報セキュリティ対策を考える上で有用な文書である.

- 推奨する管理策や要求事項
- 暗号化やハッシュ化
- 認証

・ディジタル署名
・LAN のセキュリティなど

　NIST の発行する SP800 シリーズと FIPS の中から，日本において参照するニーズが高いと想定される文書が，日本の IPA（Information-technology Promotion Agency：独立行政法人情報処理推進機構）によって翻訳されて，一般に公開されている（https://www.ipa.go.jp/security/publications/nist/）．

　本章では，社会・組織の一員として行動する際に遵守すべきルールの必要性と，その概要を紹介した．法律については，それぞれを解説した URL を参考文献に掲載したので，必要に応じて参考にしてほしい．

参考文献

第1章
(1) 諏訪敬祐，渥美幸雄，山田豊通，情報通信概論，丸善，2004年6月
(2) 総務省，情報通信白書（平成25年版），2013年
(3) IT用語辞典 e-Words（http://e-words.jp/）クラウドコンピューティング
(4) 総務省，M2MによるICT成長戦略—新世代M2Mコンソーシアム，2015年11月27日
(5) 日経コミュニケーション，2014年1月号

第3章
(1) 諏訪敬祐，家木俊温，情報通信システムの基礎，丸善，2006年1月
(2) 安井浩之，木村誠聡，辻裕之，基本を学ぶコンピュータ概論，オーム社，2011年10月
(3) 志村正道，コンピュータシステム，コロナ社，2005年11月
(4) 電子情報通信学会誌，小特集 平面ディスプレイ，2005年8月，Vol.88 No.8，pp.619-665
(5) 情報機器と情報社会のしくみ素材集，
    http://www.sugilab.net/jk/joho-kiki/

第4章
(1) 諏訪敬祐，家木俊温，情報通信システムの基礎，丸善，2006年1月
(2) CMOSセンサーについて
    http://www.sony.co.jp/Products/SC-HP/tech/isensor/cmos/
(3) 電子情報通信学会誌，小特集 平面ディスプレイ，2005年8月，Vol.88 No.8，pp.619-665
(4) 液晶ディスプレイの原理と技術，
    http://www.sharp.co.jp/products/lcd/tech/index2.html
    http://www.sharp.co.jp/products/lcd/tech/s2_1.html
(5) 情報機器と情報社会のしくみ素材集，
    http://www.sugilab.net/jk/joho-kiki/
(6) 立川敬二 監修，W-CDMA移動通信方式 第3章 3-6モバイル端末，丸善，pp.214-235，2001年6月

第 5 章

(1) 諏訪敬祐，渥美幸雄，山田豊通，情報通信概論，丸善，2004 年 6 月
(2) 小口正人，コンピュータネットワーク入門—TCP/IP プロトコル群とセキュリティ，サイエンス社，2007 年 4 月
(3) 竹下隆史，村山公保，荒井透，苅田幸雄，マスタリング TCP/IP 入門編 第 3 版，オーム社，2002 年 6 月
(4) 白鳥則郎 監修，情報ネットワーク，共立出版，2011 年 11 月

第 6 章

(1) 諏訪敬祐，渥美幸雄，山田豊通，情報通信概論，丸善，2004 年 6 月
(2) 諏訪敬祐，家木俊温，情報通信システムの基礎，丸善，2006 年 1 月
(3) 日経 NETWORK 編，絶対わかる！無線 LAN 超入門，日経 BP 社，2014 年 8 月
(4) 中嶋信生，有田武美，樋口健一，携帯電話はなぜつながるのか 第 2 版，日経 BP 社，2012 年 2 月

第 7 章

(1) 野中郁次郎，組織的知識創造の新展開，ダイヤモンド・ハーバード・ビジネス，1999 年 9 月
(2) 笠原正雄，情報技術の人間学—情報倫理へのプロローグ，電子情報通信学会，2007 年 2 月
(3) 橋元良明，メディアと日本人—変わりゆく日常，岩波書店，2011 年 3 月
(4) 独立行政法人情報処理推進機構セキュリティセンター，2014 年版 情報セキュリティ 10 大脅威—複雑化する情報セキュリティ あなたが直面しているのは？，2014 年 3 月
(5) 諏訪敬祐，家木俊温，情報通信システムの基礎，丸善，2006 年 1 月
(6) 関谷直也，風評被害 そのメカニズムを考える，光文社，2011 年 5 月

第 8 章

(1) 独立行政法人情報処理推進機構セキュリティセンター，2013 年版 10 大脅威—身近に忍び寄る脅威，2013 年 3 月
(2) 独立行政法人情報処理推進機構 (IPA)，情報セキュリティ読本 四訂版 IT 時代の危機管理入門，実教出版，2013 年 1 月

第 9 章

(1) 独立行政法人情報処理推進機構 (IPA)，情報セキュリティ読本 四訂版 IT 時代の危機管理入門，実教出版，2013 年 1 月
(2) 独立行政法人情報処理推進機構 (IPA)，情報セキュリティ教本 改訂版 組織の情報セキュリティ対策実践の手引き，実教出版，2009 年 3 月

(3) 佐々木良一 監修，手塚悟 編著，情報セキュリティの基礎，共立出版，2011年10月
(4) 結城浩 著，新版 暗号技術入門―秘密の国のアリス，ソフトバンククリエイティブ，2008年12月
(5) 宮地充子，菊池浩明 編著，情報セキュリティ，オーム社，2003年10月
(6) 辻井重男 著，暗号 情報セキュリティの技術と歴史，講談社学術文庫，2012年6月

第10章

(1) 独立行政法人情報処理推進機構（IPA），情報セキュリティ読本 四訂版 IT時代の危機管理入門，実教出版，2013年1月
(2) 独立行政法人情報処理推進機構（IPA），情報セキュリティ教本 改訂版 組織の情報セキュリティ対策実践の手引き，実教出版，2009年3月
(3) 独立行政法人情報処理推進機構（IPA），情報セキュリティ，
http://www.ipa.go.jp/security/index.html
(4) 特定非営利活動法人日本ネットワークセキュリティ協会，
http://www.jnsa.org/
(5) 一般社団法人日本スマートフォンセキュリティ協会，
http://www.jssec.org/

第11章

(1) 独立行政法人情報処理推進機構（IPA），情報セキュリティ読本 四訂版 IT時代の危機管理入門，実教出版，2013年1月
(2) 独立行政法人情報処理推進機構（IPA），情報セキュリティ，
http://www.ipa.go.jp/security/index.html
(3) 総務省，国民のための情報セキュリティサイト「刑法」，
http://www.soumu.go.jp/main_sosiki/joho_tsusin/security/basic/legal/02.html
(4) 警察庁，サイバー犯罪対策「法令等」，
http://www.npa.go.jp/cyber/legislation/
(5) 法務省，電子署名法の概要と認定制度について，
http://www.moj.go.jp/MINJI/minji32.html
(6) 総務省，電子署名・電子認証ホームページ，
http://www.soumu.go.jp/main_sosiki/joho_tsusin/top/ninshou-law/law-index.html
(7) 消費者庁，消費者制度 個人情報の保護，
http://www.caa.go.jp/planning/kojin/index.html
(8) 文化庁，著作権，
http://www.bunka.go.jp/chosakuken/index.html
(9) 経済産業省，不正競争防止法，
http://www.meti.go.jp/policy/economy/chizai/chiteki/

(10) 日本データ通信協会,特定電子メール法,
http://www.dekyo.or.jp/soudan/taisaku/1-2.html
(11) 日本産業協会,迷惑メールと特定商取引法,
http://www.nissankyo.or.jp/mail/law/law.html

索引

欧数字

1 の補数　23
2 進数　19
2 の補数　23
5 大機能　39
10 進数　19
11a　121
11ac　121
11b　121
11g　121
11n　121
16 進数　19
ADSL　115
ADSL モデム　116
AD 変換　15
ALU　41
AND　25
Android　57
ASCII コード　29
B2B　5, 142
B2C　5, 143
bit　17
Bluetooth　69
byte　17
C2C　6
CA　170
CCD 撮像素子　70
CD　46
CDMA　112
CD-R　48
CD-RW　48
CMOS 映像素子　71
CPU　37, 40
CRT ディスプレイ　55
DA 変換　15
DDoS 攻撃　183

DHCP　107
DHCP サーバ　107
DMZ　160
DNS　101
DNS サーバ　101
DoS 攻撃　183
DRAM　43
DVD　48
DVD-R　51
DVD-RAM　51
DVD-RW　51
EEPROM　45
E-mail　102
ENIAC　35
EOR 回路　26
EPROM　44
FDD　113
FDMA　111
FIPS　201
FTP　106
FTTH　115, 117
GB　18
HTML　104
HTTP　104
IC　33
ICANN　91
IDS　161
IETF　91
IoE　13
iOS　57
IoT　12
IP　89
IPS　161
IPv4　93
IPv6　95
IP アドレス　93

ISDN   4
ISM   122
ISMS   152
ISO/IEC27000 シリーズ   190
ISP   9, 90
JIS 漢字コード   29
KB   18
LAN   9, 81
LSI   34
LTE   126
LTE-Advanced   128
M2M   12
man-in-the-middle 攻撃   165
MB   18
MIMO   121
NAND 回路   27
NAT   160
NIST   201
NOR 回路   27
NOT   25
OECD   191
OFDMA   112
ONU   119
OR   25
OS   33, 57
OSI 参照モデル   87
PB   18
PDA   61
PDCA サイクル   152
PKI   172
POP3   102
POP3 サーバ   102
PROM   44
QWERTY 配列   53
RA   172
RAM   43
ROM   44
RSA 暗号   165
SD メモリカード   73
SECI モデル   130
SMTP   102
SMTP サーバ   102

SNS   2, 137
SOHO   6
SRAM   43
SSD   51
SSL   173
TB   18
TCP   89, 95
TCP/IP   92
TDD   113
TDMA   112
TN 液晶   76
TSTN 液晶   76
UDP   95
UHF   124
ULSI   34
URI   105
URL   105
USB メモリ   51
VHF   124
VLSI   34
WAN   81
WDM   119
Web ブラウザ   104
Web ページ   104
WEP   123
Wi-Fi   123
Windows CE   62
Windows Phone 7   66
word   17
WPA   123
WPA2   123
WWW   104

あ 行

アクセスポイント   122
アクティブマトリックス方式   76
アナログ量   15
アプリケーション   88
　——ゲートウェイ   160
　——層   88
アモルファス   49
アレイプロセッサ   41

索　引　209

暗　号　161
　──化　162
　──危殆化　168
　──文　162
　共通鍵──方式　162
　公開鍵──方式　164
　ハイブリット──方式　166
イーサネット　89
位置登録機能　125
インシデント　150
インターネット　90
インターネット層　92
インタフェース　86
　シリアル──　56
　パラレル──　56
ウィンドウサイズ　99
ウエラブル端末　13, 69
ウェルノウンポート番号　99
営業秘密　198
液晶ディスプレイ　54, 75
演算装置　36, 40
オープンデータ　136
オペレーティングシステム　33, 57
重み　20

か　行

回折波　124
回線交換　82
解　読　162
外部記憶装置　39, 43
換字方式　162
鍵配送問題　164
カプセル化　87
可用性　149
完全性　149
偽　25
記憶装置　36, 43
基　数　20
基数変換　20
き線点　118
キーボード　37, 53
機密性　149

下りチャネル　112
クライアント　83
クライアントサーバ型　83
クラウドコンピューティング　135
クラウドサービス　11
クラッド　119
計算機　34
珪　素　33
ゲルマニウム　33
コ　ア　119
公開鍵　164
　──暗号方式　164
　──基盤　172
高機能携帯電話　66
高級言語　57
個人情報保護法　196
コネクション型　97
コネクションレス型　100
コマンド　83
コミュニケーション　2
コンピュータ　34
　──ウイルス　181
　──ネットワーク　83

さ　行

サイバー空間　141
サイバー攻撃　140
サイバー社会　132
サーバ　83
サンプリング　27
社会基盤　132
集積回路　33
集中処理　83
主記憶装置　37, 43
受動型攻撃　184
情報資産　150
情報システムのセキュリティに関するガイドライン　191
情報倫理　146
シリコン　33
シリンダ　46
真　25

侵入検知システム　161
真理値表　25
スイッチング素子　33
スタティックルーティング　94
ストリーミング　107
スパイウェア　182
スマートフォン　62，65
制御
　ウィンドウ——　99
　再送——　97
　順序——　97
　——装置　36
　先行——方式　41
　逐次——方式　41
　輻輳——　99
　フロー——　99
セキュリティ
　情報——　148
　情報——のCIA　149
　情報——マネジメントシステム　152
　——プロトコル　173
　——ポリシー　152
セクタ　46
セッション層　88
セル　125
セルラー方式　125
全二重通信　113
ソーシャルエンジニアリング　184

た　行
ダイナミックルーティング　94
タブレット端末　66
単純マトリックス方式　76
チェックサム　99
蓄積型配信　109
着信機能　125
中央処理装置　37
直接波　124
著作権法　197
通信プロトコル　84
低級言語　57
ディジタルカメラ　70

ディジタル証明書　171
ディジタル署名　166
ディジタル量　15
データリンク層　89
デュプレックス　113
電子署名　195
電子署名法　194
電子手帳　61
電子メール　102
伝送速度　28
電卓　60
伝達メディア　2
転置方式　162
透過波　124
登録局　172
特定商取引法　200
特定電子メール法　200
ドメイン名　100
ド・モルガンの定理　27
トラック　46
トランジスタ　33
トランスポート層　89

な　行
入出力装置　36
認証　169
　生体——　170
　知識——　169
　バイオメトリック——　170
　物理——　170
認証局　171
　ルート——　172
ネットビジネス　143
ネットワーク　2
　——アーキテクチャ　86
　——アドレス　93
　——アドレス変換技術　160
　——インタフェース層　92
　——層　89
ノイマン型コンピュータ　35
上りチャネル　112

索　　引　　211

は　行

排他的論理和　26
バイト　17
ハイパーテキスト　104
パイプライン処理方式　41
パケット交換　82
パケットフィルタリング　159
パスワード　157
パソコン　36
パーソナルファイアウォール　161
ハッシュ関数　166
発信機能　125
ハードディスク　37, 45
ハ　ブ　91
反射波　124
半導体素子　33
半導体メモリ　43
ハンドオーバ機能　125
半二重通信　113
汎用コンピュータ　36
光ファイバ　117
ビッグデータ　135
ビット　17
ピット　48
否　定　25
　　──論理積　25
　　──論理和　25
非武装地帯　160
秘密鍵　164
表現メディア　2
標的型攻撃　184
標本化　27
標本化定理　28
　　ナイキストの──　28
平　文　161
ファイアウォール　159
フィーチャーフォン　66
フィッシング詐欺　185
風評被害　145
フォトダイオード　70
復　号　162
復信方式　113

符号化　27
不正アクセス　177
不正アクセス禁止法　193
不正競争防止法　198
プッシュ型配信　109
物理層　89
プラズマディスプレイ　54, 75
フラッシュメモリ　45
プリンタ　37, 53
フルカラー　55
プレゼンテーション層　88
ブロードバンド通信サービス　115
プログラム内蔵方式　35
分散処理　83
並列処理方式　41
ヘッダ　83
補助記憶装置　37, 43
補　数　22
ホストアドレス　93
ボット　183
ポート番号　99
ホームページ　104
ホームメモリ局　126

ま　行

マイクロ波帯　124
マイクロプロセッサ　40
マイコン　36
マウス　37
マークアップ言語　105
マスクROM　44
待受け機能　125
マルウェア　181
マルチコア　42
マルチパスフェージング　124
マルチプロセッサ　41
無線LAN　120
無線アクセス　111
迷惑メール関連法　200
メッセージダイジェスト　166
メモリ　39
メーリングリスト　103

文字コード　29

や　行
有機EL　79
誘導型攻撃　184

ら　行
ランド　48
リスク　150
　　——移転　154
　　——回避　154
　　——低減　154
　　——保有　154
リスト攻撃　177
量子化　27
ルータ　91
ルーティング　91
ルーティングテーブル　94
ルートCA　172
レイヤ　85
レスポンス　83
論理
　　——演算　24
　　——回路　25
　　——積　25
　　——和　25

わ　行
ワークステーション　36
ワード　17
ワンクリック詐欺　185

著者紹介

諏訪　敬祐（すわ　けいすけ）
東京都市大学メディア情報学部情報システム学科 教授．博士（工学）．1978年慶應義塾大学大学院工学研究科電気工学専攻修士課程修了，日本電信電話公社（NTT）横須賀電気通信研究所入所．1999年NTTドコモへ転籍，2003年武蔵工業大学環境情報学部 教授を経て現職．専門分野は移動通信，情報通信．

関　良明（せき　よしあき）
東京都市大学メディア情報学部情報システム学科 教授．博士（情報科学）．1985年東北大学工学部通信工学科卒業，日本電信電話株式会社（NTT）入社．2014年3月までNTTセキュアプラットフォーム研究所勤務を経て現職．専門分野は情報セキュリティ，知識共有．

はじめての
情報通信技術と情報セキュリティ

平成27年2月25日	発　　　行
令和5年2月25日	第4刷発行

著作者　　諏訪　敬祐
　　　　　関　　良明

発行者　　池田　和博

発行所　　丸善出版株式会社
〒101-0051　東京都千代田区神田神保町二丁目17番
編集：電話(03)3512-3266／FAX(03)3512-3272
営業：電話(03)3512-3256／FAX(03)3512-3270
https://www.maruzen-publishing.co.jp

© Keisuke Suwa, Yoshiaki Seki, 2015
組版印刷・製本／壮光舎印刷株式会社
ISBN 978-4-621-08909-5 C 3055　　　Printed in Japan

JCOPY〈(一社)出版者著作権管理機構　委託出版物〉
本書の無断複写は著作権法上での例外を除き禁じられています．複写される場合は，そのつど事前に，(一社)出版者著作権管理機構(電話03-5244-5088, FAX03-5244-5089, e-mail：info@jcopy.or.jp)の許諾を得てください．